Runway AI

视频制作技术基础与实战

宋夏成 ◎ 编著

人民邮电出版社
北京

图书在版编目（ＣＩＰ）数据

Runway AI视频制作技术基础与实战 ／ 宋夏成编著
. -- 北京 ：人民邮电出版社，2024.6
ISBN 978-7-115-64129-8

Ⅰ．①R… Ⅱ．①宋… Ⅲ．①视频编辑软件 Ⅳ.
①TP317.53

中国国家版本馆CIP数据核字(2024)第067611号

内 容 提 要

这是一本以 Runway 为视频制作平台讲解 AI 视频制作技术的教程，通过操作步骤的形式讲解了多种 AI 工具的功能和用法，引导读者逐步掌握制作完整视频所需的知识与技巧。

除了 Runway、Pika 等 AI 视频生成工具，本书还介绍了可帮助控制视频内容的 Midjourney、Stable Diffusion 等 AI 图像生成工具，以及可辅助撰写指令的 AI 文本生成工具 ChatGPT。在视频制作的后期流程中，本书介绍了剪映等工具的使用方法。

本书通过 AI 技术制作了一系列视频，涵盖电商网页动图、自媒体视频、微电影、MV、动态海报、Vlog、动态绘本、商业广告等内容。这些实战案例均源于实际项目，旨在帮助读者理论联系实际，独立制作出同等水平的视频，以高效地完成工作。

本书适合作为 AI 视频制作技术的自学参考书，也适合作为数字艺术培训机构和相关院校的教学用书。无论是初学者，还是具备一定基础的视频制作专业人士，均可借助本书掌握 AI 视频制作工具的应用。

◆ 编　　著　宋夏成
责任编辑　王　冉
责任印制　陈　犇
◆ 人民邮电出版社出版发行　　北京市丰台区成寿寺路 11 号
邮编　100164　　电子邮件　315@ptpress.com.cn
网址　https://www.ptpress.com.cn
中国电影出版社印刷厂印刷
◆ 开本：787×1092　1/16
印张：11.25　　　　　　2024 年 6 月第 1 版
字数：345 千字　　　　　2024 年 6 月北京第 1 次印刷

定价：99.80 元

读者服务热线：(010)81055410　印装质量热线：(010)81055316
反盗版热线：(010)81055315
广告经营许可证：京东市监广登字 20170147 号

前言

目前，AI技术已成为影响我们日常生活与工作模式的关键技术。在视频制作行业，AI技术的整合不仅是技术层面的进步，还象征着行业技术应用方式的根本性变化。AI技术在视频制作中的应用非常广泛，覆盖了从基础的剪辑、调色到复杂的视觉效果实现、场景渲染等多个环节。

身处这个时代，我们正见证由AI技术驱动的创意与技术的变革，特别是在数字艺术领域。AI技术不仅改变了视频内容的制作方式，还为视频创作的大众化提供了可能。本书将揭示这些技术的工作原理，以及如何使用它们创作令人赞叹的视觉作品。

首先，本书会介绍AI技术在视频制作基础环节中的应用，并分析其对剪辑、调色和视觉效果的影响。AI技术不仅提升了这些环节的工作效率，还提高了创作的灵活性与成果的品质。例如，AI技术使复杂场景的渲染速度加快，同时打破了传统方法对视觉效果创作的限制。

其次，本书会详细介绍这些技术如何协助创作者突破传统制作方式的界限，开辟新的创作空间。随着技术的进步，AI技术在视频制作中的角色越发重要，它正在改变我们对视觉叙事和创意表达的认识。

最后，本书会探讨AI技术在打造创新性和个性化视频内容等方面的潜力。AI技术的融入让视频制作过程中的个性化与定制化成为可能，能为观众提供更为丰富和充满互动性的观看体验。可以发现，AI技术不仅是辅助工作的工具，还是激发创意与艺术表达的新源泉。

本书中视频制作的基础流程如下（流程中一般仅使用部分AI工具）。

①使用ChatGPT生成脚本方案。

②使用Midjourney、Stable Diffusion等AI图片生成工具生成分镜图。

③使用Runway等AI视频生成工具制作视频片段。

④使用剪映等剪辑工具完成视频后期处理。

总的来说，读者在学习使用AI视频生成工具时，可以参考其他计算机软件的学习方法，但应该注意AI技术的出现就是为了简化操作并降低技术难度。因此，读者掌握AI工具的使用方法后，要将重点转移到视频制作的全流程和思路上，以及如何将AI技术融入整个流程，结合多个AI工具制作出完整的视频作品，从而提高工作效率，优化视频效果。

注意，AI工具生成的内容难免会有一些错误，如语法错误、用词错误、名词前后不一致、图像中人体结构有误等等，请读者仔细甄别。同时，AI工具对标点符号、空格、大小写等并不敏感，且在理解中、英文语法时可能存在困难，因此偶尔需要将提示词改为方便AI工具理解，但不符合语法规范甚至不正确的形式。

另外，笔者作为比较早接触AI技术的设计工作者，对AI工具的应用仍处于探索阶段，加上AI工具的更新迭代速度比较快，书中难免会有遗漏或者差错，欢迎广大读者批评指正。

宋夏成

2024年4月

目录

目录

第6章 AI视频制作技术商业应用 102

第 **1** 章

AI与视频制作的关联

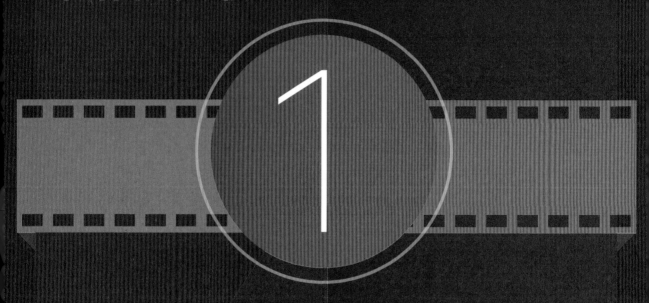

本章将介绍AI在视频制作领域中的功能和应用，并罗列一些常见的AI工具，让读者了解并正确认识AI与视频制作的联系。

1.1 AI是什么

AI，即人工智能，是Artificial Intelligence的缩写。其作为一门学科和一个工程领域，主要研究如何使计算机系统具有智能行为，包括使计算机能够模拟人类思维和行为的技术和算法。

AI包含许多研究方向，包括机器学习、深度学习、自然语言处理、计算机视觉和机器人学等，它们采用各种不同的技术和方法来完成各种类型的智能任务。AI已广泛应用于众多领域，如医疗保健、金融、娱乐、制造业和多媒体等。

AI可以应用于视频制作的全过程，包括内容生成、数据分析、视频剪辑和效果优化等环节。这为视频创作者提供了强大的工具和方法，不仅增加了创意选择，还提高了创作效率，并实现了更优秀的表现效果。

1.2 AI在视频制作领域中的角色与应用

目前，AI已经对视频制作方式产生了深远影响，为内容创作者和观众提供了独特的体验。本节将深入探讨AI在视频制作领域的应用现状。

1.2.1 AI在视频制作领域中的角色

AI在视频制作领域中能胜任的工作较多，归纳起来主要包括以下8个方面。

第1个： 辅助特效融合。借助图像分割和深度学习技术，AI能够自动识别并分离特效元素，为后期编辑和调整提供便利。

第2个： 视频去重、溯源。面对大量重复的视频内容，AI能够高效地判定视频的唯一性和内容来源，从而有效打击剪拼、改编等行为。

第3个： 建立物理模型并运用机器学习算法来预测和模拟物体在现实世界中的物理行为，以增强特效的真实感和吸引力。

第4个： 生成虚拟角色、虚拟背景和虚拟场景等。这种技术在虚拟直播、游戏等领域，以及VR（虚拟现实）和AR（增强现实）应用中尤为重要。

第5个： 自动化处理视频编辑和剪辑任务，节省制作时间。同时，通过识别镜头、切换和过渡，AI还能帮助创作者选择合适的片段进行创作。

第6个： 在影像处理和特效生成方面，虽然AI的处理方式还不够成熟，但已经能够用于图像和视频处理，包括改善质量、修复瑕疵、增加特效和滤镜等，从而提高视频的视觉吸引力。

第7个： 进行噪声消除、音频增强和语音识别等操作。同时，AI还能自动创建字幕，甚至实时翻译语音或字幕，提高视频的可访问性和可理解性，并有助于视频在全球范围内传播。

第8个： 自动识别视频中的物体、场景和情感基调，这对于内容审核、广告定位和内容推荐至关重要。另外，AI还能分析视频数据，收集有关观众行为、收视率和趋势的信息，以辅助决策和内容改进。

值得注意的是，AI视频制作技术的发展也受限于知识产权和伦理问题等因素。为确保AI在视频制作中的应用合理、合法，创作者应该遵守相关的政策和法规。总的来说，AI视频制作技术如今已经取得了重大进展，并且充满了潜力，有望为创作者和观众提供更加高效、丰富的体验。

1.2.2 AI在视频制作流程中的应用

无论使用AI工具还是传统工具进行视频内容的制作，主要流程都是一致的。下面介绍AI在视频制作流程中的应用。

1.生成素材

使用AI工具可以生成逼真的图片、视频素材，包括虚拟场景、特效元素、虚拟角色等。这为视频制作提供了更多的创意选择，并能使制作出来的视频更具有吸引力。精美素材和Midjourney生成的图片素材如图1-1和图1-2所示。

图1-1

图1-2

2.实时处理视频

    AI工具可以对视频进行实时处理，包括实时美颜、应用特效、虚拟背景等，从而改善视频观看体验，使视频内容更加吸引人。AI工具实时处理视频的示意效果如图1-3所示。

图1-3

3.处理音频

    AI工具可以处理音频，包括制作音频特效、合成音频及识别语音等。另外，AI工具可以提供丰富的音频效果，使视频更具吸引力。操作界面如图1-4所示。

图1-4

4.生成字幕和翻译

　　AI工具可以自动生成字幕和翻译，有利于将视频内容本地化，以扩大视频的传播范围。操作界面如图1-5所示。

图1-5

5.制作特效

　　AI工具可以模拟现实世界中的效果，如火焰、水流和风等，从而创造出逼真的视觉效果，这对电影、游戏和广告制作都比较重要。发光效果如图1-6所示。

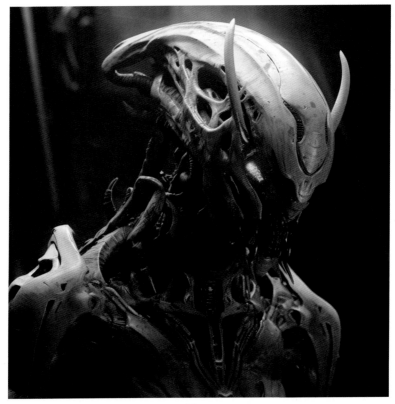

图1-6

1.3 视频制作领域的AI工具

鉴于AI工具的复杂性和强大功能，读者应该如何选择并使用合适的工具呢？能用于制作视频的AI工具种类较多，笔者根据功能将这些工具划分为3类，本节将分别进行介绍。

1.3.1 视频编辑工具

这些AI工具可以提高视频剪辑效率，一般包括自动剪辑、场景检测等功能。例如，Wondershare Filmora集成了背景抽离、音频调整、降噪处理、自动构图和停顿检测等功能，如图1-7~图1-11所示。

图1-7

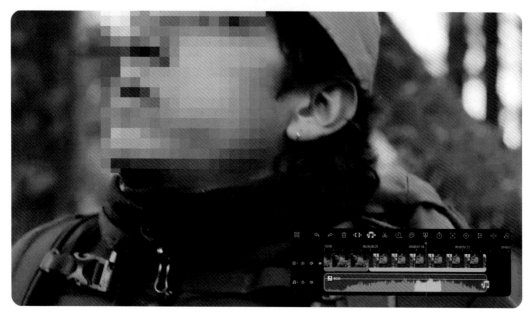

图1-8

图1-9

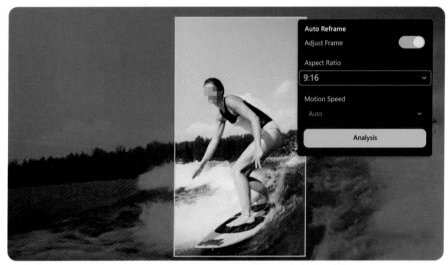

图1-10

图1-11

1.3.2 视频生成工具

此类工具有Runway、Pika Labs等，它们可以根据文本提示、图片参考、视频参考等自动生成视频内容。由于技术问题，这一类工具生成的视频质量仍有待提高。效果如图1-12和图1-13所示。

图1-12

图1-13

1.3.3 视频生产力工具

此类工具有Creative Reality Studio、Peech、Synthesia、Fliki、Visla、Opus Clip等，主要用于办公和团队合作，旨在提高跨平台内容的创建效率，以人物数字化、口播视频生成、长视频转短视频、AI配音等功能为主。演示界面如图1-14和图1-15所示。

图1-14

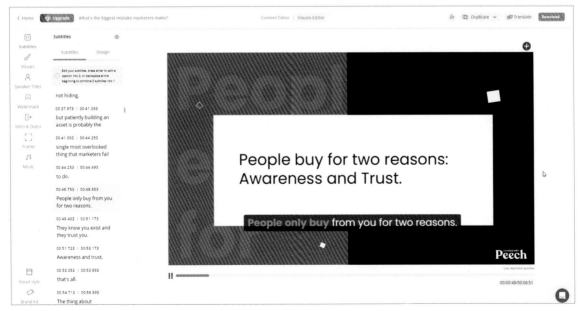

图1-15

以下评述仅代表作者个人见解：这些工具的评价标准包括其在人工智能应用、视频产出质量、定制化功能、易用性，以及所具备的增进生产效率和产值的特殊功能方面的表现等。

第 **2** 章

Runway界面
组成与模型

本章主要介绍AI平台Runway的界面组成和各个功能模块。通过本章的学习，读者可以对Runway的功能区有一定了解，并明白Runway的操作逻辑。另外，本章将详细分析和对比Gen-1模型和Gen-2模型，便于读者了解两者的区别，在学习时有针对性地进行选择。

2.1 界面组成

Runway是一个在线AI视频制作平台，主要用于创作、编辑和转换视频、图像和音频等内容，使用户能够轻松地进行从文本到视频、从图像到音乐、从音频到字幕的转换。Runway的独特之处在于支持自定义AI模型，即用户可以根据需求定制AI工具。

笔者试用过多款AI视频制作工具后，认为相较于其他工具，Runway在功能全面性、操作便捷性及生成内容质量上更加优秀，所以本书大部分案例将以Runway为主要工具进行操作。Runway的官网首页如图2-1所示。

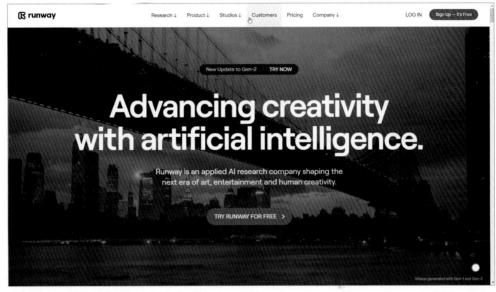

图2-1

在Runway官网注册并登录个人账户，然后单击TRY RUNWAY FOR FREE（免费试用）按钮，即可进入Runway的工作界面。Runway平台的语言是英文，读者在操作时可以使用浏览器的自动翻译功能将内容翻译为中文。界面组成如图2-2所示。注意，该页面是可以向下滚动的。

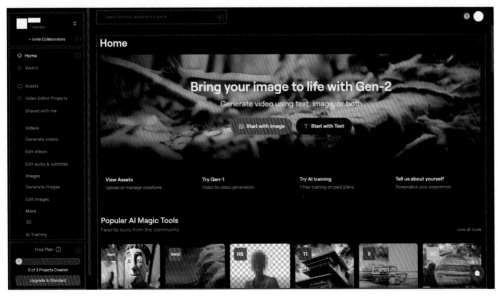

图2-2

界面组成解析

①：显示当前登录账户的信息。

②：菜单栏。

③：Free Plan(免费计划)。该面板用于显示当前Runway的授权状态,如果是免费试用状态,那么这里显示的是Free Plan。

④：搜索栏,用于搜索相关工具和功能。

⑤：操作池。此处为操作区域,读者选择好对应的工具和功能后,就可以进入对应的操作界面。

> **技巧提示** 对于初学者来说,Free Plan是一个不错的选择。注意,这种模式最多允许同时存在3个项目,如果在操作过程中Runway弹出升级、付费等对话框,读者可以根据实际情况进行处理。如果不想升级,则需要在Video Editor Projects(视频编辑器项目)中删除项目,腾出空间。具体操作方法会在"3.1.1 Runway免费计划的使用方式"进行讲解。

2.2 Home

单击菜单栏中的Home (家),操作池中会显示Home的操作面板,如图2-3所示。注意,默认情况下,操作池显示Home面板。

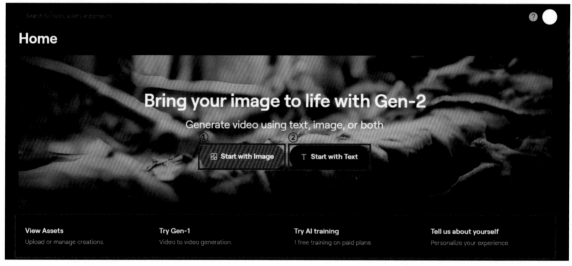

图2-3

Home面板功能解析

①：Start with Image(从图像开始) 。这是使用图片生成视频的快捷访问按钮,单击后可以直接进入对应的操作界面,即用图片直接生成视频内容。

②：Start with Text(从文本开始) 。这是使用文本生成视频的快捷访问按钮,单击后可以直接进入对应的操作界面,即用文本直接生成视频内容。

③：View Assets(浏览资产)、Try Gen-1(尝试Gen-1模型)、Try AI training(尝试AI训练)、Tell us about yourself(告诉我们关于你的事)。读者可以将其理解为传统软件的配置设置。

2.2.1 Popular AI Magic Tools

在操作池中滚动鼠标滚轮,可以向下滚动页面,下面还有一些辅助功能区。Popular AI Magic Tools (流行的AI魔法工具) 中包含了Runway集成的其他AI工具,如Video to Video (视频到视频)、Text to Image (文本到图像）等工具。读者可以单击功能区右上角的view all tools（显示所有工具）命令，如图2-4所示。此时，功能区会显示所有AI工具，且功能区右上角文字发生变化，如图2-5所示。

图2-4

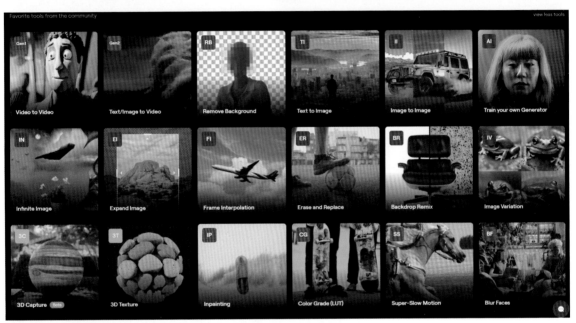

图2-5

2.2.2 Tutorials

　　继续向下滚动，可以看到Tutorials（教程）功能区，其中包含了Runway智能模型的介绍和使用教程，如How to Use Gen-2（如何使用Gen-2模型）、How to Train Custom AI Models（如何定制AI模型）等，如图2-6所示。单击右上角的view all tutorials（显示所有教程）命令，可以进入Runway Academy（Runway学院）页面，页面中包含大量Runway教程视频，如图2-7所示。

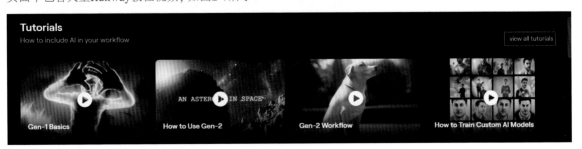

图2-6

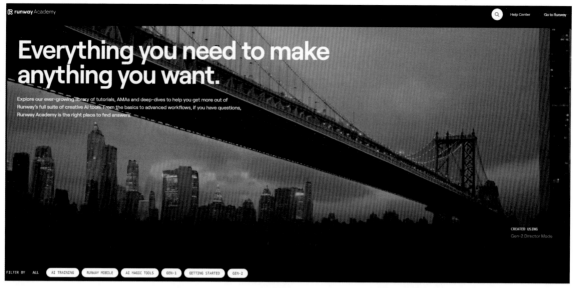

图2-7

2.2.3 Discover and Remix

Discover and Remix（发现与混合）
功能区提供了大量可以直接使用的素材，
如图2-8所示。单击某个素材，可以直接
进入编辑页面，读者可以通过文本、图片
等方式生成新的视频，如图2-9所示。

图2-8

图2-9

2.3 Assets

单击菜单栏中的Assets（资产），操作池会切换为Assets内容，如图2-10所示。对于这个面板，读者可以将其理解为个人资源库，即素材库，主要用于管理相关资源文件。另外，使用Runway发布的视频也会出现在Assets中。

图2-10

Assets面板功能解析

①：Private（个人）。该选项卡对应个人生成视频，即个人资源的历史记录。

②：Shared（共享）。该选项卡对应共享视频，即共享资源的记录。

③：New Folder（新建文件夹） ![New Folder]。单击该按钮后，可以在Folders（文件夹）功能区新建一个文件夹，用于管理资源，如图2-11所示。无文件夹时，Folders功能区不显示。

④：Upload（上传） ![Upload]。单击该按钮后，可以上传本地文件夹或视频文件，对应Upload folder（上传文件夹）和Upload files（上传文件）命令，如图2-12所示。

⑤：Recently exported（最近导出）。该功能区主要显示最近导出的资源记录。初次使用Runway时，此处为空白状态。

⑥：Assets。此功能区主要显示用户使用过的所有文件，并允许用户对这些文件进行操作。Private和Shared选项卡控制的是该功能区。

⑦：排序方式。此处主要用于设置文件的排序方式，默认为Date created（创建日期）。可选排序方式如图2-13所示。

图2-11

图2-12

图2-13

⑧：资产类型。此处主要用于设置显示哪种类型的文件，默认为All Media（所有媒体），如图2-14所示。可选类型如图2-15所示。

⑨：显示方式。此处主要用于设置文件的显示方式，包含列表形式和视图形式。

图2-14

图2-15

2.4 Video Editor Projects

单击菜单栏中的Video Editor Projects，打开Projects（项目）面板，如图2-16所示。读者可以将该面板理解为管理项目和编辑项目的功能区，创建的所有项目都会在此面板显示，如图2-17所示。读者可以选择已有项目或新建项目，进入项目编辑界面进行视频编辑操作，如图2-18所示。

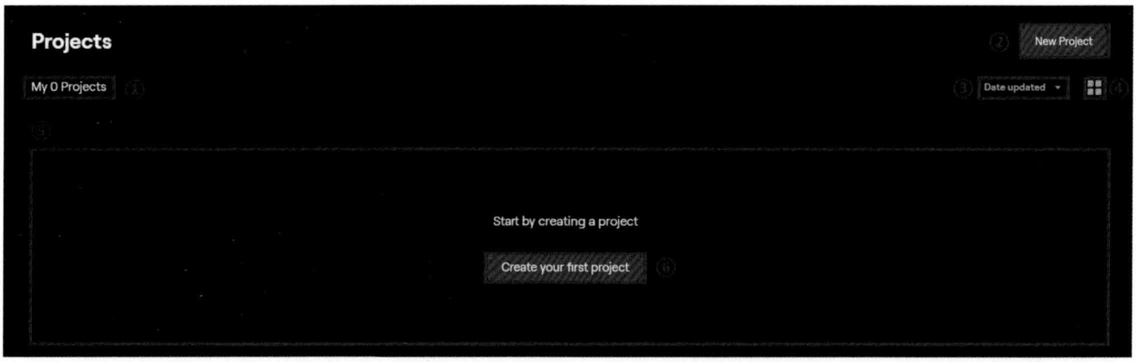

图2-16

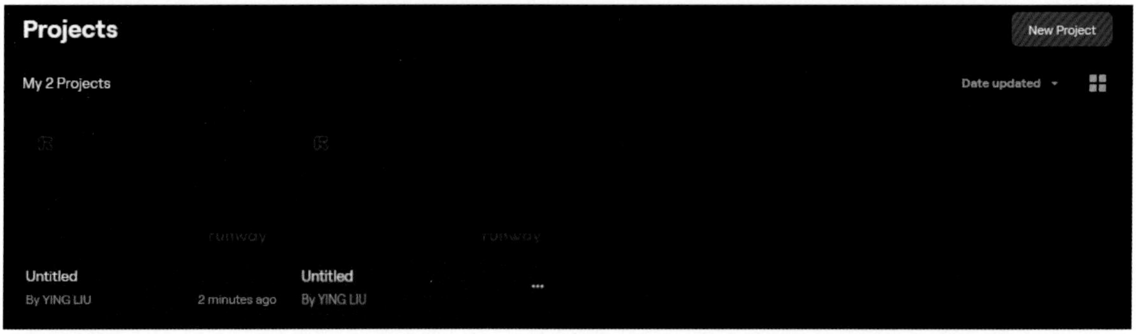

图2-17

图2-18

Video Editor Projects面板功能解析

①：My Projects（我的项目）。显示当前存在的项目数量，数字在中间。如果没有项目，显示为My 0 Projects；如果有2个项目，则显示为My 2 Projects；依此类推。

②：New Project（新项目）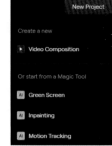。单击该按钮可以创建新的项目，创建时可以选择创建的项目类型，如图2-19所示。

③：排序方式。与前面介绍的排序方式类似。

④：显示方式。与前面介绍的显示方式类似。

⑤：项目库。此区域会显示当前存在的项目，读者可以删除或编辑这些项目。

⑥：Create your first project（创建你的第1个项目）。当项目库中无项目时，该区域会出现这个按钮，单击该按钮即可创建新项目，功能与New Project按钮一致。

图2-19

2.5 Shared with Me

单击菜单栏中的Shared with me（与我分享），打开Shared with Me面板，如图2-20所示。这个面板主要用于显示其他用户分享给自己的项目文件，其显示设置与前面介绍的类似。

图2-20

Shared with Me面板功能解析

①：Projects。此处会显示被分享的项目数，数字在前面。如果没有收到分享的项目，显示为0 Projects；如果收到2个分享的项目，则显示为2 Projects；依此类推。

②：排序方式。与前面介绍的排序方式类似。

③：显示方式。与前面介绍的显示方式类似。

④：共享项目库。此处会显示收到的共享项目。

2.6 Videos

菜单栏中的Videos（视频）包含3个子功能，分别是Generate Videos（生成视频）、Edit Videos（编辑视频）、Generate Audio（生成音频），如图2-21所示。

图2-21

2.6.1 Generate Videos

单击Generate Videos，打开Generate Videos面板，如图2-22所示。

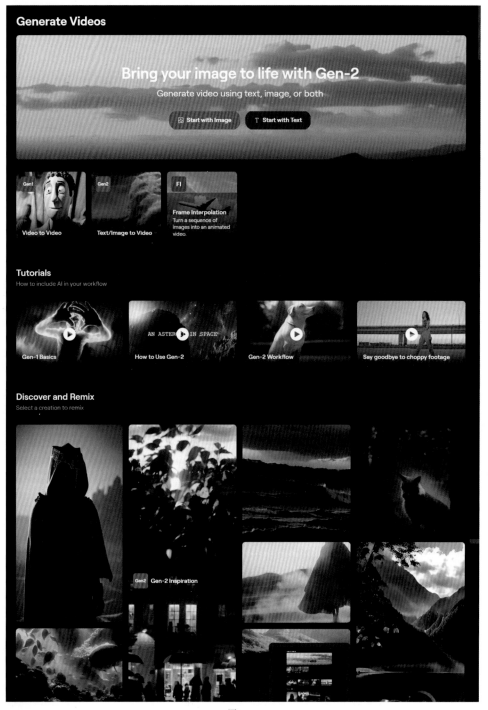

图2-22

技巧提示 Generate Videos面板中的功能都同样出现在Home面板中，读者可以查阅 "2.2 Home" 中的内容进行学习。

2.6.2 Edit Videos

单击Edit Videos，打开Edit Videos面板，该面板中包含了大量用于编辑视频的AI工具，如图2-23所示。读者同样可以通过查阅"2.2 Home"来了解该面板中的功能。

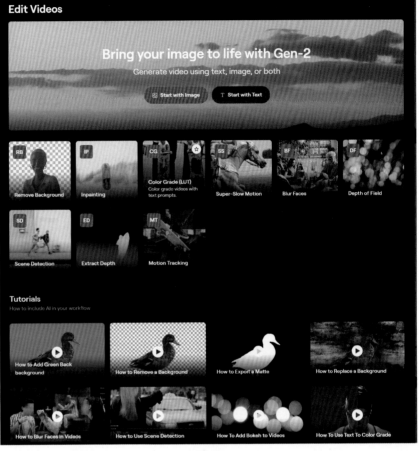

图2-23

2.6.3 Generate Audio

单击Generate Audio，打开Generate Audio面板，该面板中包含了用于音频处理和字幕处理的AI工具及对应教程，如图2-24所示。

图2-24

2.7 Images

菜单栏中的Images（图像）包含2个子功能，即Generate Images（生成图像）和
Edit Images（编辑图像），如图2-25所示。

图2-25

> **技巧提示** 读者可能会有疑问，为什么这一章没有介绍AI工具的使用方法？原因如下。
>
> 　　其一，Runway中的AI工具比较多，其功能也在不断完善和更新，而且在实际工作中可能会被其他AI工具替代，所以不需
> 要全部进行介绍。
>
> 　　其二，Runway中的AI工具的使用难度主要来源于英文，在使用浏览器的自动翻译功能后，用户几乎可以根据工具名称确
> 定操作方法。
>
> 　　其三，Runway在AI工具下方都提供了Tutorials，用于帮助用户学习操作方法。
>
> 　　其四，本书的讲解重点是视频制作技术，部分会用到的AI工具将在后续的具体操作中进行讲解。

2.7.1 Generate Images

单击Generate Images，打开Generate Images面板，该面板中包含了可以生成图片的AI工具和相关教程，如
图2-26所示。

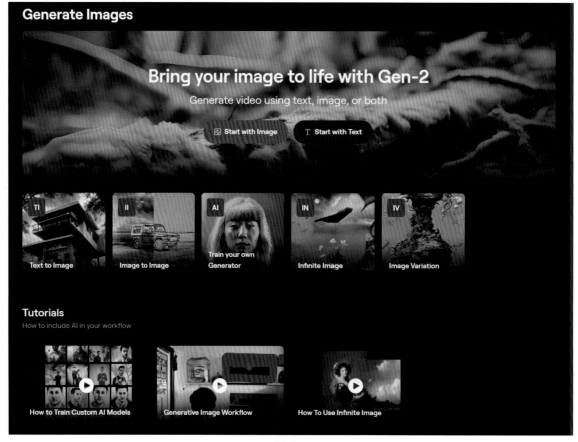

图2-26

2.7.2 Edit Images

单击Edit Images，打开Edit Images面板，该面板中包含了可以进行图像处理的AI工具和相关教程，如图2-27所示。

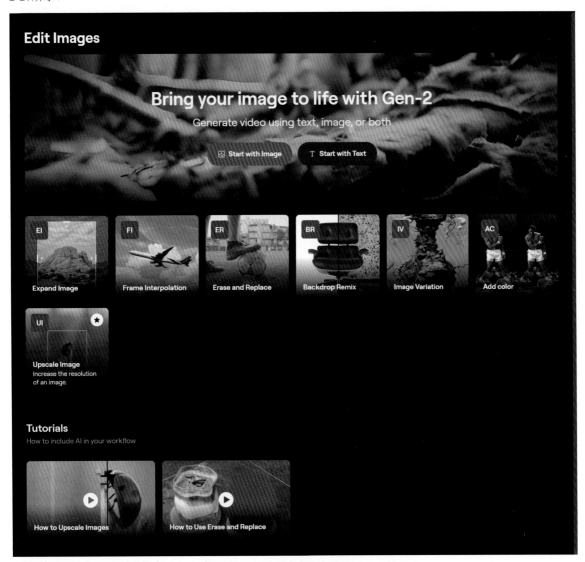

图2-27

2.8 More

菜单栏中的More（更多）包含2个子功能，即3D和AI Training（AI训练），如图2-28所示。

图2-28

2.8.1 3D Generations

单击3D，打开3D Generations（3D生成）面板，该面板中包含了有3D捕捉和3D纹理功能的AI工具，以及对应的教程，如图2-29所示。

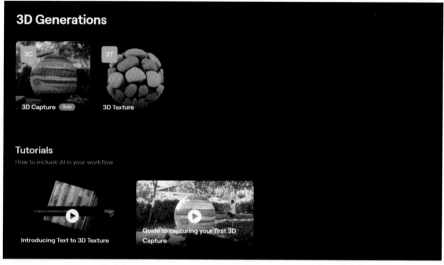

图2-29

2.8.2 AI Training

单击AI Training，打开AI Training面板，该面板中的工具主要用于训练AI模型，如图2-30所示。

图2-30

AI Training面板功能解析

①：Train a new model（训练一个新模型）。单击该按钮，可以训练新模型，模型类型包含Portrait Generator（人像生成器）、Animal Generator（动物生成器）和Custom Generator（自定义生成器），如图2-31所示。

②：工具库。此处用于显示全部模型训练工具。

> **技巧提示** 因为"4.7 Runway模型训练"中会详细介绍如何使用AI Training面板中的工具来进行模型训练，所以此处不详细介绍相关工具的使用方法。

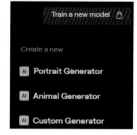

图2-31

2.9 Runway的模型版本

本节主要介绍Runway平台核心模型的两个版本,即Gen-1与Gen-2。内容包括它们的功能和在AI辅助设计领域所展现的特性,以帮助读者了解它们的差异,并根据需求选择合适的模型版本。

2.9.1 Gen-1

读者可以将Gen-1模型理解为智能手机中的"第1代智能手机",虽然按如今的标准来说,它可能不算优秀,但它为这项技术的发展奠定了基石。Gen-1模型的结构较为简单,注重独立功能的开发,如图像分类、文本生成等。这使第1代模型易于理解和操作,适用于初涉人工智能领域的新手用户。

在应用方面,Gen-1模型相当于一群各具专长的工匠,即精通特定的技术。它适合于处理简单的需求,例如自动辨别照片中的对象或生成基础的旋律。Gen-1模型的特点是直观和高度专业化,初学者可以轻松掌握使用方法,并迅速了解人工智能在实践中的作用。

正如早期智能手机与现代智能手机的区别,Gen-1模型具有一定的局限性,即缺乏后续模型版本所展现的多样性与灵活性。在使用Gen-1模型处理复杂需求时,它可能会显得不够强大,主要体现在学习能力和适应性不及新一代模型。

2.9.2 Gen-2

Gen-2模型在功能、性能和用户体验方面均实现了突破,搭载了更高级的智能框架,可面对更广泛的应用场景,使用户能够获得更好的使用体验。

Gen-2模型引入了更深层次的神经网络架构、自适应学习机制和更为先进的数据处理技术,不仅显著地提升了模型的预测准确性,还扩展了数据的处理范围。例如,Gen-2模型能够应对更为复杂的图像和语言处理任务,包括高分辨率图像生成和更加自然的语言理解。

在性能方面,Gen-2模型通过采用先进的训练方法,如迁移学习和强化学习,显著地提高了学习速度,能够适应多种应用环境。Gen-2模型在识别模糊图像或理解复杂句子时均展现出不错的性能,使它能够满足高质量设计、视频编辑和复杂的数据分析等工作需求。

在用户体验方面,Gen-2模型更加注重易用性和交互性。开发者通过简化接口设计并优化交互功能,使没有专业背景的用户也能轻松掌握并使用Runway。此外,Gen-2模型提供了更直观的反馈机制,以帮助用户轻松理解模型的运作机制和输出结果。

综上所述,Gen-2模型的推出使Runway更加强大和易于使用。这些改进不仅推动了技术发展,还提高了用户的创造力和工作效率。无论是设计师寻求突破性的视觉效果,还是研究人员分析复杂的数据,Gen-2模型均能提供支持,并确保良好的操作体验。

2.9.3 两者区别

Gen-1模型和Gen-2模型的差异不仅体现在技术实施的层面上,还涉及性能、易用性和功能等多个层面。下面通过详细的比较和案例测试来帮助读者理解。

1.技术实施上的差异

Gen-1模型基于早期机器学习框架,对计算资源的需求相对较低,但在处理复杂数据集时通常受限。

Gen-2模型运用了深度学习技术,并通过深度神经网络处理更复杂的数据模式和关系,使其在场景解析、语言处理和情感识别等方面更具优势。例如,Gen-1图像识别模型只能识别单个物体,而Gen-2图像识别模型能够识别多个物体及其相互关系。

2.性能上的差异

Gen-1模型虽然响应时间较短,但当处理大量数据或解决复杂问题时,其性能会受限。相比之下,Gen-2模型不仅反应迅速,还能有效地管理庞大的数据集合,并进行更精准的分析与预测。

3.易用性上的差异

由于技术和功能限制,Gen-1模型往往要求用户具备一定技术知识才能进行有效操作。相反,Gen-2模型强调用户体验,提供更友好的界面和更直观的操作流程,显著地降低了技术门槛,使不具技术背景的用户也能轻松掌握。

4.功能上的差异

Gen-1模型擅长解决单一或少数任务。Gen-2模型在功能性上更加全面和灵活,一个模型可以集成多个功能模块,能够适应多变的任务需求。

5.案例测试

下面使用同一素材来测试Gen-1模型和Gen-2模型的处理效果。

Gen-1

一位设计师使用Gen-1模型对视频内容进行风格转换。这一模型能迅速辨识出视频内的主要元素,如人物、动物或建筑物,并将指定的风格应用到这些元素上,从而实现风格的转换。但该模型不能准确地理解更复杂的场景结构或情感表达。转换效果如图2-32所示。

图2-32

Gen-2

该设计师后续采用Gen-2模型,该模型不仅能够识别图像中存在的多个实体,还能分析这些实体之间的交互作用。例如,它可以解析人际互动,并有能力辨识图像的情绪倾向。转换效果如图2-33所示。

图2-33

6.模型选择

经过对比分析，可以发现Gen-1模型和Gen-2模型在技术实施、性能、用户友好度及功能特性上存在一定差异。Gen-2模型在多个方面展现出更强大的能力和更优越的性能，提高了用户的工作效率，带来了更好的创作体验。读者在选择适用于项目的Runway模型版本时要结合多个因素去考虑。

项目目标

不同版本的模型具备不同功能和特性，适合解决不同问题。如果项目仅需使用基础的图像识别功能，例如分类照片中的物体，那么Gen-1模型完全能够胜任；如果项目需要生成高质量图像或执行自然语言处理任务，那么就需要选择Gen-2模型。

计算资源

Gen-1模型通常对计算资源的需求较低，适用于资源有限的情况。相比之下，Gen-2模型虽需更多算力和存储空间，但能够提供更强大的功能。

技能水平

初学者适合直观、操作简便的Gen-1模型。拥有一定技术背景或追求高质量成果的用户倾向于选择Gen-2模型，因为该模型提供了更完备的配置和优化选项。

项目预算

Gen-1模型由于其较低的处理要求而成本更低。Gen-2模型尽管成本较高，但对于需要高级功能的项目来说，是值得选择的。

领域和项目类型

在艺术和设计领域，Gen-2模型的高级图像和视频生成能力更有优势。数据分析和研究领域，需要使用Gen-2模型的高级数据处理和模式识别能力。教育和办公领域，更适合选择易用且基础功能齐全的Gen-1模型。

通过权衡这些因素，读者可以有依据地去选择Runway的模型版本。无论选择成本效益比较好的Gen-1模型，还是功能强大的Gen-2模型，目的都是找到项目目标和资源条件的平衡点。

第 3 章

Runway智能生成与
基础操作

本章将介绍Runway的基础操作和如何使用
Runway生成视频，内容包括Runway权限、视频
生成原理、用视频生成视频、用图像和文本生成视
频、用文本或图像生成图像。另外，本章末尾会介
绍视频制作中比较重要的抠像技术。

3.1 了解Runway权限和视频生成原理

本节主要介绍Runway的使用权限和视频生成原理，这部分内容牵扯到读者能否顺利地使用Runway，请认真阅读。

3.1.1 Runway免费计划的使用方式

第2章中提到Free Plan和Video Editor Projects中项目数的控制方法，这就是Runway权限的体现。在Free Plan模式下，如果读者已创建了3个项目，再次单击Runway中的某些AI工具时，Runway并不会跳转到对应的工具界面，而是会跳转到权限升级页面，如图3-1所示。

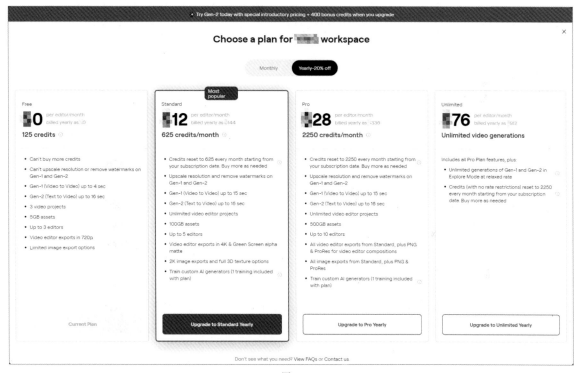

图3-1

此时Runway会提醒用户Upgrade to Standard Yearly（升级到年度标准版），当然后面还有Upgrade to Pro Yearly（升级到年度专业版）和Upgrade to Unlimited Yearly（升级到年度无限制版）。读者不用考虑界面顶部的Monthly（月度）和Yearly-20% off（年度八折），因为如果想通过免费使用的方式进行学习，就只需要关注Current Plan（当前计划），也就是Free（免费）栏。为了方便读者理解，笔者对该栏进行了自动翻译，如图3-2所示。

图3-2

需要注意3 video projects（3个视频项目），这是Free Plan的项目数量限制，也就是Runway只授权Free Plan模式下的用户最多同时编辑3个视频项目，项目数量显示在Free Plan面板中。未创建项目和同时存在3个项目的显示效果如图3-3所示。

图3-3

当Free Plan面板中项目数量为3时，再次创建视频项目或使用其他AI工具并创建项目，就会跳转到图3-1所示的升级界面。如果既不想充值，又想继续使用Runway，应该怎么办呢？这个时候只需要保持Runway中存在的项目少于3个即可。

01 单击Video Editor Projects，打开Projects面板，此时可以看到存在3个项目，如图3-4所示。双击某个项目就可以进入该项目的编辑界面。

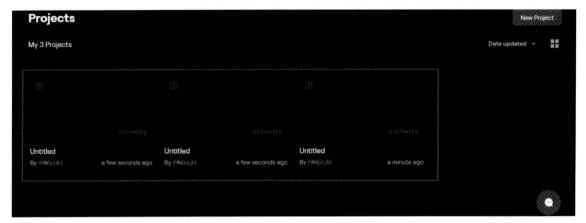

图3-4

02 在Projects面板中，将鼠标指针移动到其中一个项目文件上，此时项目文件右下角会出现▓图标，单击该图标并选择Delete（删除），即可删除对应项目，如图3-5所示。删除后可以在Free Plan面板中看到项目数变为2个，即有一个空余项目的位置，如图3-6所示。

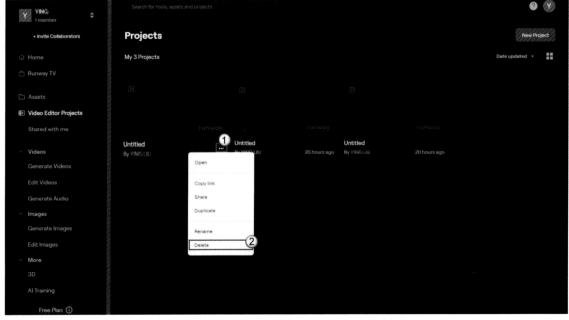

图3-5

图3-6

技巧提示 随时留有空余的项目数量，是使用Free Plan的重要思路。建议读者在学习过程中养成管理项目的良好习惯，及时整理或清理自己的项目。另外，如果读者有获取更高使用权限的需求，可以根据实际情况升级到对应的版本。

3.1.2 视频生成原理

与图像生成领域类似，在进行视频生成型人工智能模型的训练时，需要大量视频数据作为训练样本。这些样本可以取自电影、电视节目、网络视频等。为满足模型的数据格式要求，必须对数据进行预处理，包括剪辑、分辨率调整、格式转换等步骤。

模型进行视频生成的基本流程概述如下。

帧级特征提取

考虑到视频由多个图像帧组成，首项任务便是提取每帧的特征。通过卷积神经网络（Convolutional Neural Networks，CNN）可以获得代表每帧的特征向量，这些向量可能包含颜色、纹理、轮廓和运动等信息。

序列建模

生成视频的核心在于理解帧与帧之间的时序关系。应用循环神经网络（Recurrent Neural Networks，RNN）或变换器（Transformer）等结构对帧序列进行建模，从而捕获帧之间的前后关联，保证视频的连贯性。

预测与生成

模型掌握了视频特征和时序关系后，便可利用这些信息预测未来的帧。模型会逐帧生成新内容，形成完整的视频序列。

噪声注入与多样性增强

为了增强视频内容的多样性，生成过程中可以加入噪声以增加随机性。这有助于制作出多个不同版本的视频，使效果显得更自然。

合成与渲染

将生成的帧合成为一个连贯的序列，并进行后期制作，如添加音频、颜色校正等。

总之，视频生成是一项复杂的技术，其最终效果和质量受数据质量、训练模型和算法复杂度的影响，同时不同应用场景中所用技术和方法也会有所不同。在此过程中，重点是如何将单独的画面帧组合成无缝且连续的动态场景，这涉及高度复杂的空间映射问题。

技巧提示 需要注意的是，Gen-1模型的生成方式应该称为"风格迁移"，即对输入的原视频进行风格转换。

3.2 用视频生成视频

用视频生成视频是Runway平台Gen-1的核心功能之一。在Runway界面的Home面板单击Try Gen-1按钮，如图3-7所示。

图3-7

进入AI Magic Tools/Video to Video（AI魔法工具/视频到视频）界面，读者可以单击红框上传本地视频或者直接将视频拖曳进来，也可以直接在下方黄框内选择预设素材，如图3-8所示。

图3-8

技巧提示 预设素材中包含了官方提供的视频，以及用户曾经上传到Runway平台的所有视频和生成的视频。

笔者在这里上传"一个在走路的帅小伙"的视频，为后面的演示做准备，如图3-9所示。在Video to Video模式中，可以通过3个风格参考方式进行风格迁移，分别是Image（图像）、Presets（预设）和Prompt（提示词）。Style reference（风格参考）面板如图3-10所示。

图3-9

图3-10

3.2.1 图像参考

单击Image按钮，在下方的功能区可以选择相关的图像参考，如图3-11所示。读者可以将本地图片以拖曳到功能区的方式进行上传并选择，或者打开Demo Images（演示图像）并选择Runway预设的图片。

笔者希望将原视频的风格转换为"蒸汽波"风格，内容为"帅小伙儿走在落日之下"，于是上传图3-12所示的图片参考。

图3-11　　　　　　　　　　　图3-12

1.预览与生成

上传完成后选择上传的图片，单击Settings（设置）面板中的Generate video按钮，可以直接生成视频。笔者不推荐这样做，因为生成视频通常需要花费几分钟的时间。如果对生成的视频不满意，就需要重新生成，如此反复尝试，非常浪费时间与精力。因此笔者建议单击Preview styles（预览风格）按钮，可以提前对即将生成的效果进行预览，并判断此效果是否满足需求。Settings面板中的按钮位置如图3-13所示。

单击Preview styles按钮，原视频的下方就会弹出4个预览效果，如图3-14所示。当鼠标指针位于任意预览效果上时，会弹出Generate video按钮，单击该按钮即可生成对应效果的视频，如图3-15所示。

图3-13

图3-14

技巧提示 如果读者找不到满意的效果，可以多次单击Preview styles按钮，直到出现满意的效果为止。

图3-15

2.参数设置

如果预览效果与目标效果有一定的出入，可以单击Settings面板右上角的Advanced（高级）命令，如图3-16所示，展开Settings面板显示更多选项，如图3-17所示。

图3-16   图3-17

> **技巧提示** 这里仅介绍有关生成视频的控制参数及其操作原理。Affect foreground only（只影响前景）、Affect background only（只影响背景）和Compare wipe（对比擦除）等选项，仅用于控制Images参考模式的影响范围，读者按字面意思理解即可，当然也可以自行尝试。

保留原视频信息

如果希望生成的视频能够保留更多原视频的信息，可以设置Style:Structural consistency（风格：结构一致性）参数。该参数主要用于控制生成视频与原视频的差异性，数值越高，生成的视频与原视频的差异就越大，反之则越小。

注意，这里的差异指的是结构差异，可以简单地理解为画面构图和内容结构。切记，在Image参考模式中，Style:Structural consistency对风格参考的影响很小，因为风格参考的依据是参考的图像。为了方便读者理解，下面进行一个简易的对比实验。

以图3-18所示的视频为原视频，以图3-19所示的图像为参考图像，保持其他参数不变，仅改变Style:Structural consistency参数。

图3-18   图3-19

为了使对比效果更明显，笔者分别测试Style:Structural consistency为0（最小值）和7（最大值）的效果。同时，为了避免结果的偶然性，特地增加测试样本数，使用预览效果进行对比，如图3-20和图3-21所示。

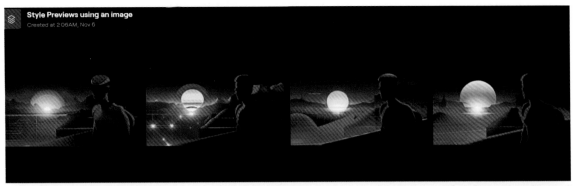

图3-20

Style:Structural consistency=0

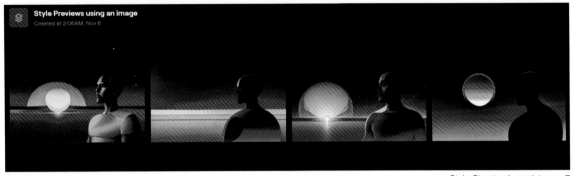

图3-21

Style:Structural consistency=7

将生成的预览效果与图3-18所示的原视频画面进行对比，有如下发现。

当设置Style:Structural consistency为0时，预览图的背景中出现了与原视频类似的建筑物，且人与背景的构图也与原视频基本一致。

当设置Style:Structural consistency为7时，预览图的背景中并没有建筑物（消失了），且人物还出现了看向不同角度的情况，与原视频的构图存在一定差异。

贴近风格参考图

如果希望生成的视频能够更加贴近风格参考图，可以设置Style:Weight（风格：权重）参数。该参数主要控制生成视频与风格参考图的关联性，数值越高，生成视频的风格越贴近风格参考图，反之则与风格参考图的差别越大。

Style:Weight仅影响风格，基本不会改变画面结构。下面用同样的原视频和风格参考图进行测试。保持其他参数不变，仅改变Style:Weight参数，分别设置为1.1（最小值）和15.0（最大值），效果如图3-22和图3-23所示。

图3-22

Style:Weight=1.1

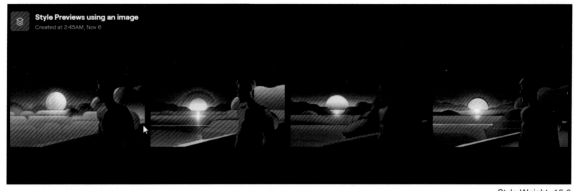

图3-23   Style:Weight=15.0

将生成视频的预览效果与图3-19所示的风格参考图进行对比，有如下发现。

当设置Style:Weight为1.1时，预览图中人物风格、背景风格都与风格参考图存在较大的差异，部分背景中甚至不存在风格参考图中的落日。

当设置Style:Weight为15.0时，预览图中人物风格、背景风格都与参考图风格近似，甚至还出现了与风格参考图中一样的水面、落日和倒影。

控制画面流畅度

设置参数并得到满意的预览效果后，可以单击Generate video按钮 `Generate video`，等待1~2分钟即可得到结果。如果发现生成视频播放起来比较卡顿，可以尝试设置Frame consistency（帧一致性）参数。该参数主要控制生成视频的前后两帧之间的关联性，数值越大，当前帧与前一帧的关联越大，即画面在播放时会更流畅。

> **技巧提示** 注意，参数都有对应的推荐数值，初学者可以将其作为学习参考，并在实际应用时根据需求进行调整。
>
> **Style: Structural consistency:**0~5。
>
> **Style: Weight:**7.5~12.5。
>
> **Frame consistency:**1~1.25。
>
> 当所有参数都设置完毕，并成功生成满意的视频后，即可单击生成视频右上角的Download（下载）按钮 ⬇，将视频下载并保存至本地。另外，Gen-1模型目前单次生成的视频时长最长为4s，所以读者在上传原视频时应注意截取需要进行风格迁移的视频片段。

3.2.2 预设参考

除了上传风格参考图，读者还可以使用Runway平台提供的风格预设进行风格迁移。单击Presets `Presets` 按钮，即可查看并使用Runway提供的风格预设，如图3-24所示。

图3-24

笔者选择Storyboard（故事板）风格进行演示。向下滚动功能区，找到Storyboard并选择，后续操作方法和"3.2.1 图像参考"中的一样。预览效果如图3-25所示。

图3-25

可以看到，预览效果还是不错的。Runway提供的预设大多是经过测试的，所以相对于初学者自己提供的风格参考图，得到的效果要好一些，这是经验问题。注意，当选择风格预设后，部分功能将不可用，但读者依然可以在Advanced中设置参数，方法和原理与前面一致。笔者认为第1个预览效果比较好，所以可以直接单击其下方的Generate video 按钮 Generate video ，视频画面如图3-26所示。

图3-26

技巧提示 Runway提供的风格预设大致可以分为人物型、风格型、动物型、建筑风景型等类型，读者使用时应根据原视频的类型选择对应的风格预设，生成的视频质量才会更好。如果选择与原视频的风格不一致的风格预设，会有很大概率导致生成的视频内容变得奇怪。这里使用同样的原视频，并选择动物类型的风格预设，得到的效果就会四不像，如图3-27所示。

图3-27

3.2.3 提示词参考

单击Prompt按钮 T Prompt ，可以在下方指令框中输入对风格的英文描述，即提示词，如图3-28所示。

图3-28

笔者继续以原视频和"蒸汽波"风格为例进行演示。现在需要思考一下"蒸汽波"风格的效果描述，参考描述为"棕榈树的剪影""霓虹粉色和紫色渐变的天空背景""像素化的太阳和复古的未来元素""旧电脑和古董车""合成波大气"等。

读者可以将这些描述词进行优化并翻译成英文，然后复制到指令框中。预览效果如图3-29所示。

Palm tree silhouettes, The background is a gradual change of neon pink and purple sky, pixelated sun and retro futuristic elements, old computers and vintage cars, synthetic wave atmosphere

图3-29

技巧提示 提示词必须为英文字符，否则生成的视频将会出现很多错误，如错误字符，且风格也与提示词内容无关。另外，因为翻译风格、翻译软件、翻译习惯不同，翻译结果也会多种多样，但Runway都是能够识别的，读者不用刻意去纠正。

目前来看，预览效果不错。前面提到过AI模型的训练原理，以及视频的生成原理，读者应该知道，提示词描述得越详细，得到的效果越接近预期。这里也是如此，现在将提示词内容进行简化处理，改为类似于"蒸汽波""日落""棕榈树剪影"等的描述，效果如图3-30所示。

Vaporwave, sunset, palm tree silhouettes

图3-30

对比图3-29和图3-30所示的效果，可以明显看出图3-30所示的视频画面缺少细节和部分元素，所以读者在使用提示词参考进行视频生成时应该尽可能描述得详尽一些。

技巧提示 前面介绍的3种方式都适用于对原视频进行风格迁移，但它们之间存在明显差异。

Images： 图像参考方式在各方面均居中位，能根据参考图像对原视频进行风格迁移，但使用时需寻找合适的参考图像，其生成的视频质量也处于三者的中间水平。

Presets： 预设参考方式的操作是三者中最简便的，且其生成视频的风格关联性较强，但预设的数量有限，自主性和灵活性相对于另外两种方式较差。

Prompt： 提示词参考方式要求用户具有一定的语言描述技巧，但对画面的控制能力是三者中最强的。如果读者多加练习，就能使用此模式生成高质量的视频。

3.3 用图像和文本生成视频

Gen-2提供两种视频生成模式，一种是用图像生成视频，另一种是"图像+文本"共同生成视频。"图像+文本"模式融合了用文本生成视频和用图像生成视频的功能，可以帮助用户创建更符合预期的视频效果。

3.3.1 图像模式

为了方便读者理解，此处直接使用操作步骤来讲解用图像生成视频的方法。

01 在Runway主界面单击Generate videos，然后在Generate Videos面板单击Gen-2的Text/Image to Video（文本/图像到视频），如图3-31所示。

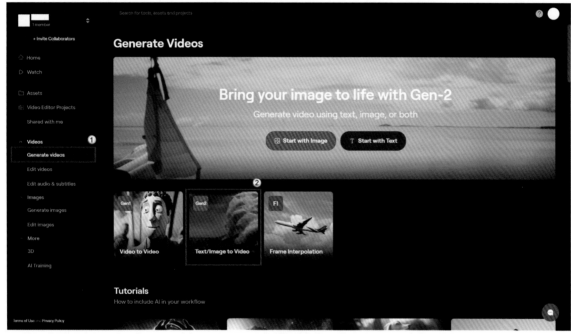

图3-31

02 进入AI Magic Tools/Text/Image to Video界面，单击IMAGE选项卡，进入图像模式，将图片拖曳到黄色方框内进行上传，如图3-32所示。

图3-32

03 在功能区下面有一系工具，单击General Motion（常规运动）按钮，可以对运动强度进行调整，数值越大，运动强度越大，反之则越小。参数面板和操作顺序如图3-33所示。因为该操作属于一般设置，所以就不生成视频了，读者设置好后可以单击Generate 4s（生成4秒）按钮，查看生成视频的效果。

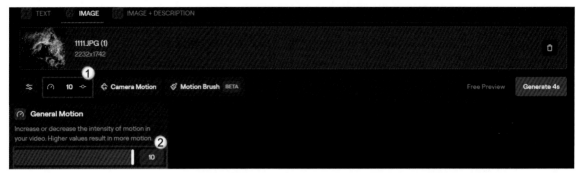

图3-33

04 单击Camera Motion（相机运动）按钮，可以调整镜头的运动方式。这里任意调整一下，参数如图3-34所示。

图3-34

> **技巧提示** 下面按常规的操作顺序介绍部分相关参数的功能。
>
> **Horizontal（水平）：** 控制镜头在水平方向进行移动。
>
> **Vertical（垂直）：** 控制镜头在垂直方向进行移动。
>
> **Roll（旋转）：** 控制镜头的旋转方向和角度。
>
> **Zoom（缩放）：** 控制镜头的缩放，即控制画面的大小和远近。
>
> **Reset saved（重置保存）** 清除设置的参数，还原到初始状态。
>
> **Save（保存）** 保存当前设置的参数。
>
> 单击Save按钮后，Runway会保存Camera Motion参数，且Camera Motion按钮会变为工具按钮组，用于显示设置了哪些参数，例如→表示设置镜头向右移动，↑表示设置镜头向上移动，↻表示设置镜头向左旋转，⊕表示对画面进行了放大（拉近了画面）。

05 单击Generate 4s按钮，即可根据上传的图片和当前设置的参数或默认参数进行视频生成，生成过程一般持续1~2分钟，如图3-35和图3-36所示。

图3-35

图3-36

技巧提示 之所以没有单击Free Preview(免费预览) 按钮 进行视频预览, 是因为该功能在Free Plan模式下无法使用。

06 视频生成后可以单击左下角的播放按钮 ▶ 进行播放, 也可以在右下角设置播放需求, 效果如图3-37所示。可以看到, 视频内容是基于上传图片的, 且视频中也体现了镜头变化情况和运动强弱。

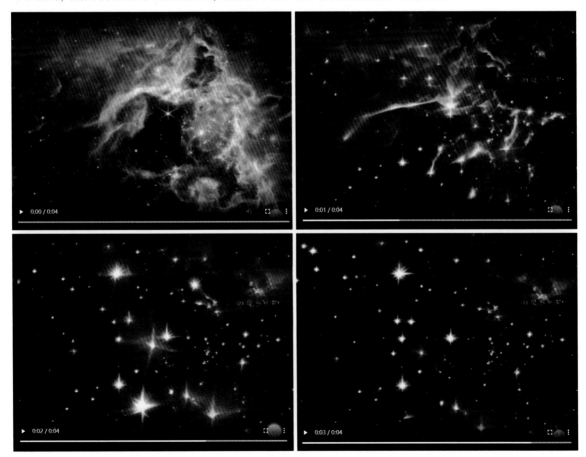

图3-37

07 如果对效果满意，可以单击Download按钮，将视频下载到本地。如果对视频效果不满意，可以进行二次设置，如单击Camera Motion工具按钮组，对镜头参数进行重新设置或恢复，如图3-38所示。

图3-38

技巧提示 因为二次设置是在生成视频的基础上进行调整，所以部分参数无法直接进行调整，例如General Motion属于一般设置，在应用了Camera Motion这类高级设置后，Runway会覆盖一般设置。如果要调整一般设置，则需要单击General Motion按钮，然后在弹出的对话框中单击OK,reset（好，重置）按钮，如图3-39所示。此时，Runway会清除掉高级设置，也就是Camera Motion的参数，并复原General Motion按钮，读者即可进行一般设置，如图3-40所示。

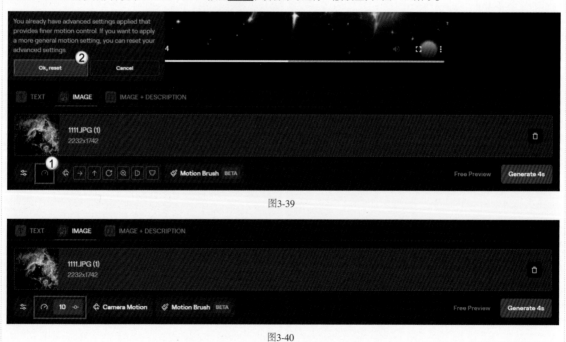

图3-39

图3-40

08 重新设置好参数后再次单击Generate 4s按钮 Generate 4s，即可生成视频。如果觉得4秒时长的视频不能满足需求，

可以单击Extend 4s（扩展4秒）
按钮 Extend 4s，将视频时长延长
至8秒，Runway会使用Gen-2模
型自行补充后面的内容，如图
3-41所示。

> **技巧提示** 注意，Runway并不
> 支持无限单击Extend 4s按钮
> Extend 4s 来对视频时长进行延长，
> 目前仅提供3次视频时长延长机
> 会。另外，界面左侧会显示视
> 频的生成记录，单击即可切换
> 到对应的视频，以便再次修改。

图3-41

3.3.2 "图像+文本"模式

IMAGE+DESCRIPTION（图像+说明）即"图像+文本"模式。下面同样使用操作演示的方式来进行介绍。

01 单击IMAGE+DESCRIPTION选项卡，切换到IMAGE+DESCRIPTION功能区，然后将图片拖曳到上传区域，如图3-42所示。

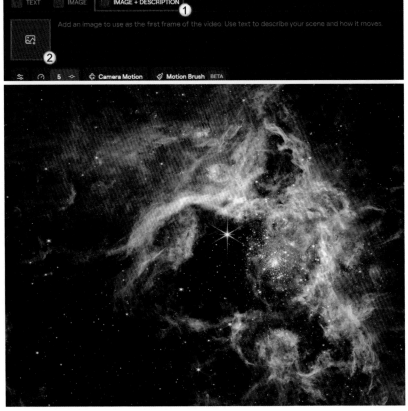

图3-42

02 上传图片后需要对视频内容进行描述，描述通常包含两个内容，即"描述性文本"和"命令性文本"。笔者上传的是星云图片，所以可以对星云进行描述，即星云的外观特征。在描述完成后可以编写命令性文本，即设置视频内容的运动情况。

描述性文本

它的特征是宇宙尘埃和气体的旋涡，颜色多种多样，主要是火红的橙色和红色，夹杂着白色。散射的是来自恒星的光点，有些看起来更大、更亮，表明它们更近、更亮。

命令性文本

让这些星云移动，让星星闪烁。

组合文本

它的特征是宇宙尘埃和气体的旋涡，颜色多种多样，主要是火红的橙色和红色，夹杂着白色。散射的是来自恒星的光点，有些看起来更大、更亮，表明它们更近、更亮。让这些星云移动，让星星闪烁。

03 将组合好的文本翻译为英文，然后输入IMAGE+DESCRIPTION功能区的指令中，如图3-43所示。

It is characterized by swirls of cosmic dust and gas in a variety of colors, primarily fiery orange and red, mixed with white. Scattered are spots of light from stars,some appearing larger and brighter, indicating they are closer or brighter. Let these nebulae move and the stars twinkle and twinkle.

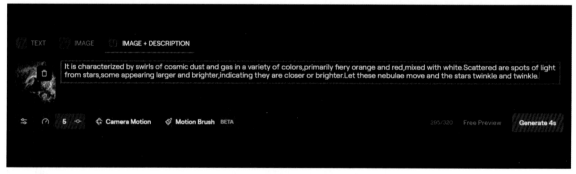

图3-43

> **技巧提示** 注意，这里的文本字数是有限的，即不能超过320个。接下来需要对视频参数进行设置，设置方法与"3.3.1 图像模式"中的一样，这里就不赘述了。设置好后同样单击Generate 4s按钮，即可生成视频。

3.4 用文本或图像生成图像

本节主要介绍如何使用Runway生成图像。读者可能会有疑问："这本书不是讲解AI视频生成技术的吗？为什么还要介绍图像的生成方法？"此时需要换个角度去思考，那就是AI可以提供图像素材，然后读者可以使用AI提供的图像素材直接生成视频。这无疑解决了大部分读者"缺少素材"和"搜集素材很麻烦"的问题，让图像素材的获取更加便捷。

3.4.1 文本模式

单击菜单栏的Generate Images，然后单击Generate Images面板的TI工具，即Text to Image，如图3-44所示。此时，会进入AI Magic Tools/Text to Image界面，界面左侧的Text to Image下包含Runway的预设图像，右侧为参数面板，如图3-45所示。

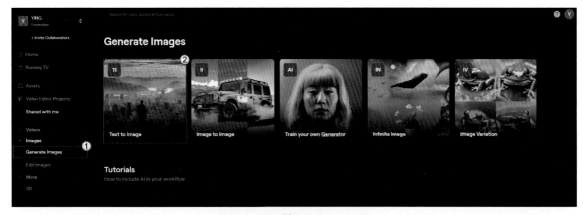

图3-44

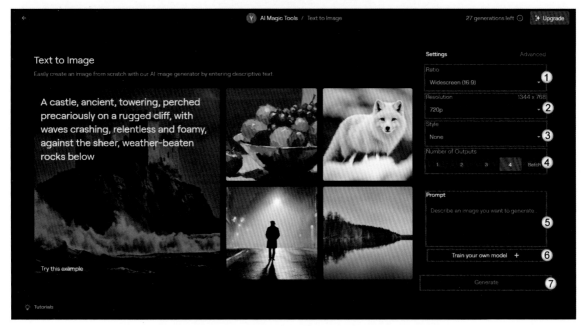

图3-45

AI Magic Tools/Text to Image参数解析

①：Ratio（比例）。用于设置生成图像的长宽比例，可选比例如图3-46所示。

②：Resolution（分辨率）。用于设置图像的分辨率，可选分辨率为720p和2K。注意，本书编写时2K分辨率需要付费升级后才可使用，如图3-47所示。

③：Style（风格）。用于设置图像的风格。

④：Number of Outputs（输出数量）。用于设置输出图像的数量。单击Batch（批量）![Batch]按钮，可以进行批量输出，该功能目前为付费功能。

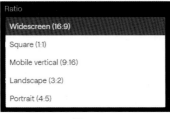

图3-46

图3-47

⑤：Prompt。用于输入提示词内容。另外，单击界面左侧的预设图像后，指令框中会自动生成相应的提示词。

⑥：Train your own model（训练你自己的模型）  。单击该按钮，可以进入AI Training面板，导入训练好的模型。

⑦：Generate 。单击该按钮，即可生成图像。

为了方便读者理解，下面通过简单的操作步骤来进行演示。

01 描述要生成的内容，即"在一个阳光明媚的日子里，一只芬兰拉普犬坐在一个鲜花盛开的花园里，它看起来很满足，很警觉，很有素描的风格"，然后将其翻译成英文，并在Prompt指令框中输入翻译好的英文，如图3-48所示。

A Finnish Lapphund sits in a flowery garden on a sunny day, The dog looks content and alert, Sketching style

图3-48

技巧提示 注意，在翻译的时候读者不必过于担心自己的英语水平，目前的AI工具基本能根据提供的文本进行内容推断，所以部分不太严重的错别字、语法差错等小问题，并不会对生成内容造成太大影响。例如，对于书写来说，英语单词之间必须有空格，但对于Runway来说，content and alert（满足和警觉）与contentandalert是一样的，它能识别出来。这就是AI工具的优势。

02 在Settings面板中设置Ratio为Square(1:1) [正方形（1：1）]，Resolution为720p，Style为None（无），Number of Outputs为1，如图3-49所示。

03 单击Generate按钮，生成一张小狗的图像，如图3-50所示。

图3-49

图3-50

技巧提示 与前面介绍过的Settings面板类似，单击此处Settings面板右侧的Advanced，可以展开更多面板参数，如图3-51所示。

图3-51

下面简单讲解一下这3个参数，有兴趣的读者可以自行尝试。

①: Prompt Weight（提示词权重）。用于设置提示词的控制强度，数值越大，结果越精确，反之则越具创造性。

②: Seed（种子）。读者可以将此处的数字理解为图像内容的编号，使用这个编号进行内容生成，可以保留原图像内容的一些特点。

③: Negative prompt（否定提示词）。如果读者希望图像中不要出现某个对象，可以在此处的指令框中输入对应的对象描述，例如不想出现狗，那么在此处输入Dog即可。

3.4.2 图像模式

图像模式即Image to Image（图像到图像），是Runway中的II工具。这个工具主要有2个用途，一个是根据图像生成风格化图像；另一个是对视频的序列帧进行风格化处理，从而创作风格化序列帧动画。

单击Generate Image面板的II工具，即Image to Image，如图3-52所示。此时，会进入AI Magic Tools/Image to Image界面，界面下方会展示Assets中的文件，如图3-53所示。

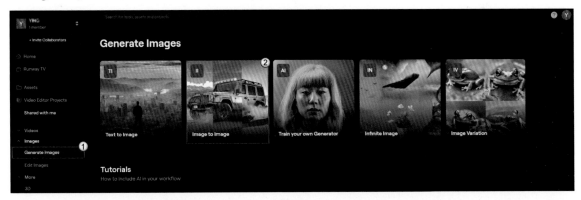

图3-52

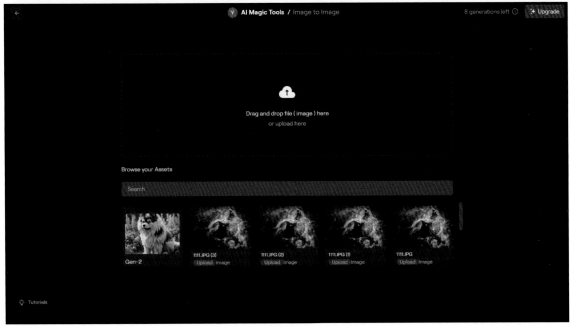

图3-53

01 将Assets中的图像文件拖曳到图像文件上传区域，如图3-54所示。当然，读者也可以直接从本地拖曳图像文件到该区域。拖曳后的界面如图3-55所示。

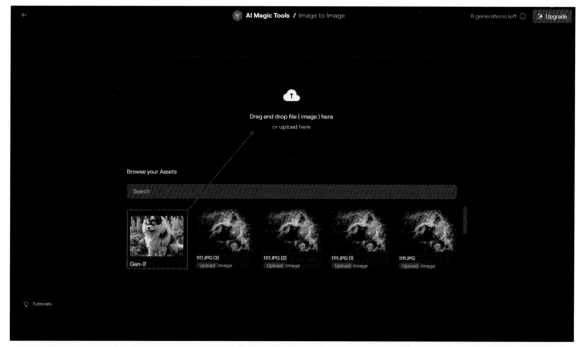

图3-54

图3-55

02 设置Style为Forestpunk（森林朋克），然后在Prompt指令框输入描述文本A lovely dog，表示内容为"一只可爱的狗"，最后单击Generate按钮 ，如图3-56所示。因为这里保持Number of Outputs为4，所以会生成4张改变了风格的图像，如图3-57所示。

图3-56

图3-57

3.5 智能抠像

在网络时代，视频内容的生动性与视觉冲击力通常是其成功的决定因素之一。智能抠像技术无疑在视频编辑中起到了关键性的作用。Runway提供了易用且强大的智能抠像功能（也能用于抠图），提高了视频制作的灵活性和效率。Runway的绿幕功能可以快速、有效地将对象与背景分离，不仅可以替换任意背景，还可以添加文本、动态图形等元素。

在Home面板中单击RB工具，即Remove Background（去除背景），如图3-58所示。此时，会跳转到Green Screen（绿幕）界面，如图3-59所示。注意，本书编写时，该界面名前有Beta（公测）图标 Beta ，请读者在操作时以实际界面为准。

图3-58

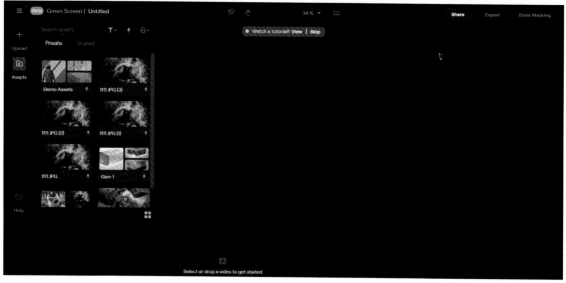

图3-59

3.5.1 创建蒙版区域

Remove Background的原理是为主体对象添加一个绿色蒙版，虽然Green Screen界面中的抠像操作已经智能化，但读者在操作时还是需要注意参数的设置。下面对操作过程进行演示。

01 导入需要进行抠像的素材。素材可以是图片，也可以是视频；可以来源于Assets，也可以来源于本地。这里先导入本地的视频素材，然后将其拖曳到Green Screen界面底部或中间的空白区域，此时会进入编辑模式，如图3-60所示。

图3-60

技巧提示 在使用Green Screen面板中的功能时应注意，就像图3-60中的素材一样，读者在选取素材时尽量确保素材有以下特点。

第1个： 没有多个对象，只有一个与周围环境形成鲜明对比的主体。

第2个： 主体对象的拍摄角度在大部分时间里是保持不变的，主体对象是画面的焦点，运动流畅且没有反光物体。

第3个： 主体不会离开画面，也没有任何导致模糊或使拍摄对象难以捕捉的动作。

总之，蒙版的质量与视频剪辑的质量息息相关，所以在操作时应尽量做到精益求精。

02 直接单击主体对象，也就是视频素材中的人物角色，如图3-61所示。如此可以得到一个初始蒙版，该蒙版同样应用于视频其他帧中的人物角色，如图3-62所示。

图3-61

图3-62

技巧提示 从结果来看，单击一次并不一定能得到完整的蒙版，这个时候多次单击主体的其他区域，就可以得到更精确的结果，如图3-63和图3-64所示。如果在操作过程中需要撤销或重做，可以单击界面顶部的Undo（撤销）按钮 ▣（快捷键为Ctrl+Z）或Redo（重做）按钮 ▣（快捷键为Ctrl+Y）。

| 图3-63 | 图3-64 |

03 确认蒙版创建无误后，单击界面左下角的Preview（预览）按钮，播放视频以观察所选区域在整个视频中的效果，如图3-65所示。通过预览可以发现，蒙版大多情况下都在人物主体上，几乎没有"渗入"背景或漏选的情况。

图3-65

3.5.2 添加/删除蒙版区域

如果读者发现有主体区域漏选或者蒙版"渗入"背景的情况，但又不想全部撤销和重新操作，可以使用"添加/删除蒙版"状态来加选和减选蒙版区域。

01 当播放到有瑕疵的画面时按暂停键（Space键），或直接将时间指针拖曳到有瑕疵画面的时刻。默认状态下鼠标指针呈现"添加蒙版"的状态，也就是单击画面，会添加该区域的内容，如图3-66所示。再次单击同样的位置，即可删除该区域，如图3-67所示。右侧面板中Mode（模式）默认为Include（包含），即"添加蒙版"状态，如图3-68所示。

图3-66

图3-67　　　　　　　　　　　　　　　　　　图3-68

02 如果想删除某区域，除了再次单击外，还可以在右侧面板设置Mode为Exclude（排除），即"删除蒙版"状态，如图3-69所示。单击某个区域，就可以删除该区域，如图3-70所示。

图3-69

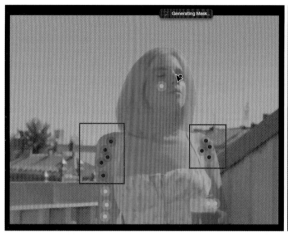

图3-70

3.5.3 绘制蒙版区域

在预览视频效果时，如果想手动修改蒙版中的某些区域，可以使用Brush（笔刷）工具█手动绘制，这就需要读者有一定的鼠标控制能力了。

01 在绘制之前，建议将素材画面放大，并使用界面顶部的Pan（抓手）工具来平移画面，如图3-71所示。注意，画面放大和缩小的快捷键分别为+键和－键。

02 单击右侧面板Refine（改善）后的Brush工具█，然后在画面中涂抹需要选择的区域，如图3-72所示。释放鼠标，Runway会获取涂抹的区域，并传递信息给其他帧，然后计算出添加蒙版的区域，如图3-73所示。预览视频后不难发现，视频后续的画面中人物胳膊上被涂抹的区域都被添加了蒙版，如图3-74所示。

图3-71

图3-72

图3-73

图3-74

技巧提示 读者可以根据需求在右侧面板中调整笔刷的大小和羽化半径，这些参数的原理与Premiere和Photoshop中的对应参数类似。Brush Size（笔刷大小）用于控制笔刷的大小，Feather（羽化）用于控制边缘柔和程度，如图3-75所示。另外，View（视图）中的参数主要用于设置显示效果，读者可以根据字面意思了解其作用，此处不再赘述。

图3-75

3.5.4 修剪视频

获得理想的蒙版区域后，可以查看界面右下角的Done Masking?（完成蒙版?）面板，其中包含Add effects（添加效果）按钮、Blur background（模糊背景）按钮、Replace Background（替换背景）按钮和Trim video（修剪视频）按钮，如图3-76所示。

图3-76

技巧提示 这里仅演示如何修剪视频，其他3个功能相对简单，读者直接操作即可。

01 单击Trim video按钮，进入修剪视频界面，抠像后的视频和原视频会分别出现在两条时间轨道上，上层为抠像后的视频，下层为原视频，如图3-77所示。

图3-77

02 对于时间轨道的操作，例如改变轨道位置、缩放轨道等，与Premiere类似。选择下层的原视频轨道，按Backspace键将其删除，然后单击界面左侧的Solid（固态）按钮█，并将其轨道拖曳到抠像后的视频的下方，如图3-78所示。

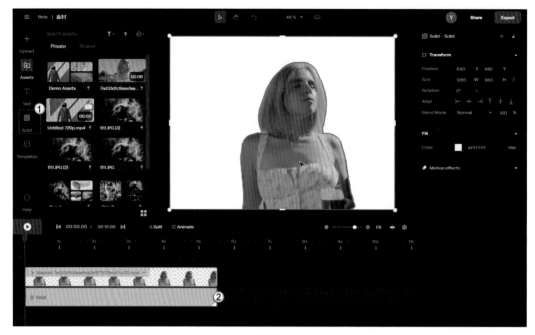

图3-78

技巧提示 这里的操作比较灵活，读者可以根据需求导入其他背景视频，从而合成新的场景，笔者就不一一演示了。

03 如果希望为视频内容添加一些效果，可以选择抠像后的视频的时间轨道，展开右侧的Effects and Filters（效果和过滤器）面板，然后选择其中的预设效果，如图3-79所示。

图3-79

04 处理好后单击Export（导出）按钮 ，然后重命名视频并选择导出的格式即可，如图3-80所示。另外，读者也可以选择ProRes或者PNG序列格式，将视频以透明背景导出。导出的视频会出现在Assets中，如图3-81所示。

图3-80　　　　　　　　　　　　　　　　　　　　　　　　　　图3-81

技巧提示 如果想下载视频，可以切换到主界面，然后在Assets面板中进行下载。

Runway的智能抠像功能是比较强大的，且操作简单，书中仅介绍了基础操作，读者可以根据需求不断探索其用途。

影视制作领域

制作团队经常需要将演员置入虚拟环境，在过去需要复杂的绿幕技术和烦琐的后期处理。借助Runway，制作人员能够实时进行智能抠像，将演员从一个场景中裁剪出来并置入全新的场景，例如从繁华的城市街头转移到宁静的外太空。这不仅加快了制作流程，也降低了成本。

广告制作领域

品牌需要创造引人入胜的视觉内容，以促销产品。Runway的智能抠像功能能够迅速更换广告的背景，将产品无缝地融入各种场景中，从而制作出既吸引人，又富有说服力的广告内容。例如，设计师可以将户外运动鞋素材置于不同的环境中，展示其适应性和耐用性。

社交媒体领域

Runway的智能抠像功能可以迅速地将主角"传送"到任何他们想要的地方，无论是著名地标，还是梦幻世界。这种技术的使用不仅使视频内容更生动和富有趣味性，还提升了用户参与度。例如，美食博主可以将自己置于世界各地的知名餐厅内，带给观众全球美食之旅的体验。

教育课程领域

通过Runway的智能抠像功能，教师能够将自己置于与课程内容相关的背景中。例如，历史老师在讲述古罗马历史时，背景可以替换为古罗马斗兽场的场景。这种视觉效果有助于学生更好地沉浸在学习内容中，提高教学效果。

这些案例展示了Runway智能抠像功能的强大，以及如何帮助创作者跨越传统制作障碍。只需简单的上传视频、选择对象、应用智能抠像等操作，创作者就能在短时间内完成过去需要数小时甚至数天才能完成的编辑工作。

第 **4** 章

Runway视频编辑与
模型训练

本章主要介绍如何使用Runway来控制生成视频的质量，主要包含画面衔接、画面质量、画面相关性、镜头移动和后期处理等内容。另外，本章末尾将介绍如何使用Runway来训练AI模型，并通过训练的模型生成内容。

4.1 画面显示效果调节

在传统的视频制作领域，画面显示效果调节是至关重要的编辑技巧，它确保了视频播放的连贯性和视频呈现的品质。该过程主要包括以下内容。

帧率调整

视频的流畅度依赖帧率，即每秒展示的图像数。较高的帧率能够使动态场景显得更加顺滑、自然，较低的帧率则可能造成画面的跳跃。因此，在视频制作时根据内容与风格需求调整帧率，是保证视频流畅度的一项重要工作。

运动模糊

对于快速运动的物体或有镜头移动的场景，适当的运动模糊效果能够提升动态的真实感，减轻画面震动和清晰度过高带来的不自然感。这在动态镜头或快速横移拍摄中尤为关键。

时间插值

当视频的播放速度需要改变时，使用时间插值技术可以在现有帧之间生成新的中间帧，以维持动作的流畅度。这项技术对于制作慢动作或快镜头效果非常有价值。

转场效果

平滑的转场效果不仅能够将不同场景进行自然过渡，还对维持视频整体的连贯性和观众注意力的连续性非常重要。

稳定化

使用视频稳定化技术能够有效减少由摄像机抖动引起的不必要运动，使成片更平稳、更具专业感。

现在，在Runway视频编辑平台中可以使用一系列工具和滤镜来实现这些操作，以优化视频的画面显示效果。下面笔者择重点介绍相关工具和功能。

4.2 控制画面的衔接与内容

Frame Interpolation（帧插值）工具主要用于在多张图像间补帧，让这些图像衔接起来，使播放效果更流畅。使用该工具可以控制生成视频的画面走向，且让画面之间的衔接更加平顺。

4.2.1 对图像进行动态衔接

在Runway主界面顶部的搜索栏中输入Frame Interpolation，然后选择搜索到的Frame Interpolation工具，如图4-1所示。此时，会跳转到AI Magic Tools/Frame Interpolation界面，如图4-2所示。

图4-1

图4-2

Frame Interpolation工具的操作比较简单，但读者应该知道该工具的用途，即对图像进行动态衔接，通常有以下两种应用方式，其操作方法一致。

第1种： 使用连续的照片生成流畅的视频。Frame Interpolation工具会对图像间的细微差异进行补充。这类似于序列帧动画的制作，但Frame Interpolation工具在补充动作时会更加智能。

第2种： 使用不同场景的照片，进行多场景内容切换的视频制作。这种情况下Frame Interpolation工具的智能性会得到充分体现。

当然，有兴趣的读者可以将上述两种应用方式结合起来。下面简单介绍一下该工具的操作方法。

01 读者可以从Assets中拖曳素材图像到上传区域，也可以从本地拖曳图像。这里从本地拖曳3张"星空"主题的图像，如图4-3所示。

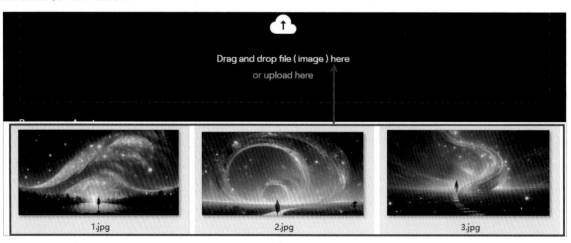

图4-3

02 导入图像后，可以拖曳图像进行顺序调整。导入后效果如图4-4所示。

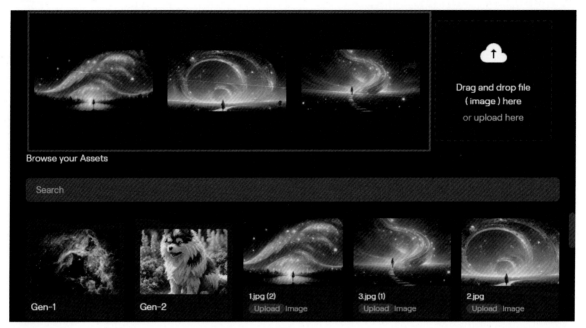

图4-4

技巧提示 如果使用Frame Interpolation将连续拍摄的图像生成为流畅的视频，则需要尽可能多地提供图像，并且尽量减小图像之间的差异，这样就不必插入大幅运动的帧插值，而且可以更好地与其他工具配合。

03 在右侧Settings面板的Clip duration（片段持续时间）处可以设置生成视频的时长，这里设置为16s，然后单击Generate按钮，即可生成视频，如图4-5所示。生成的视频如图4-6所示。

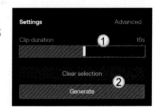

图4-5

 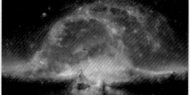 

图4-6

技巧提示 如果对时长不满意，可以继续在Settings面板中进行参数设置，并单击Advanced，对Transition time（过渡时间）进行调整，如图4-7所示。设置完成后单击Re-Generate（重新生成）按钮，即可重新生成视频。

　　如果读者需要对图像进行调整，可以单击Edit selected images（编辑所选图像）按钮，对图像素材进行调整。

图4-7

4.2.2 替换画面内容

如果对图像素材的内容有改动需求，可以使用Erase and Replace（擦除与替换）工具替换图像中的内容。下面介绍具体操作方法。

01 在Runway主界面的搜索栏中输入Erase and Replace，然后选择Erase and Replace工具，如图4-8所示。此时，会跳转到AI Magic Tools/Erase and Replace界面，如图4-9所示。

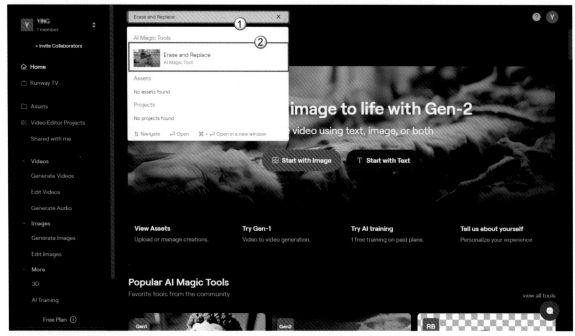

图4-8

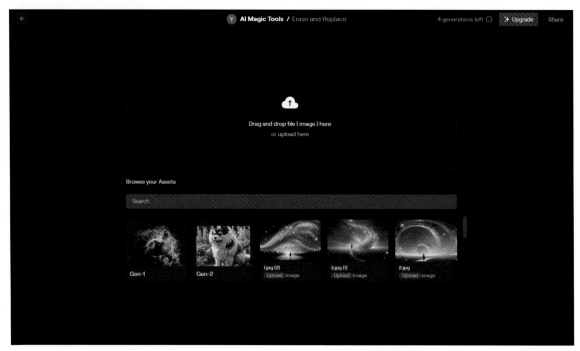

图4-9

02 将需要进行处理的图像拖曳到上传区域，会跳转到图像编辑界面，如图4-10所示。

图4-10

03 界面左侧有一系列工具，这些工具读者都能通过字面意思理解，这里主要介绍擦除与替换操作。单击Add brush strokes（添加笔刷橡皮擦）工具，然后在画面中涂抹需要清除的对象，如人物，如图4-11所示。

图4-11

04 在下方的指令框中输入想要替换的对象，如a tree，然后单击Generate按钮，即可将人物替换为树，如图4-12所示。

图4-12

技巧提示 因为这里没有对树的风格、大小、形态进行描述，所以Runway会自动生成比较符合场景风格的内容。另外，Runway会提供4种生成结果，生成图像右下角的按钮组允许用户查看、接受或者取消结果，如图4-13所示。

图4-13

4.3 调整画面质量

　　图像的质量决定了生成视频的画面质量，建议读者尽量使用高质量的图像作为素材。使用Upscale Image（升级图像）工具可以对图像的清晰度进行修改，并增加画面的细节。下面通过操作步骤来进行演示。注意，因为图书印刷过程中会压缩图像，所以书中的效果可能不太明显，读者在操作过程中请以实际效果为准。

01 在Runway主界面的搜索栏中输入Upscale，然后选择Upscale Image工具，如图4-14所示。此时，会跳转到AI Magic Tools/Upscale Image界面，如图4-15所示。

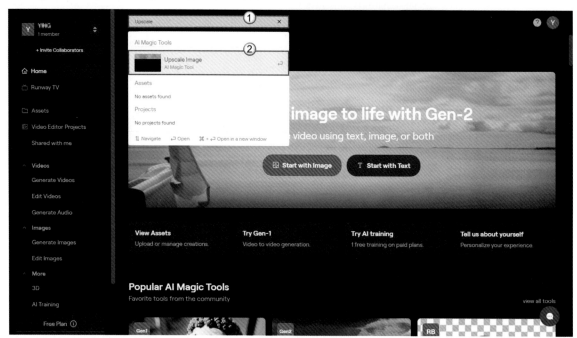

图4-14

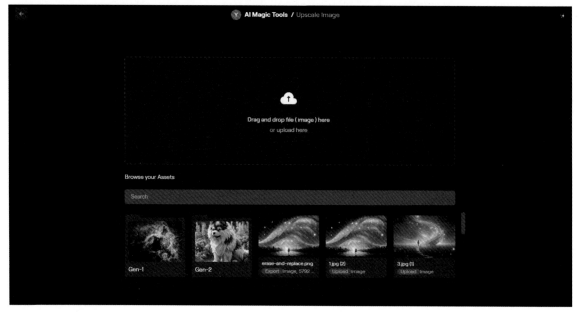

图4-15

02 将需要进行画质提升的图像拖曳到上传区域，然后在右侧设置Scale（比例）为1920×2558(1080p)，并单击Process（加工）按钮 ![Process] ，如图4-16所示。这时Runway会将原来424×565大小的图像处理成1920×2558(1080p)大小的图像，默认单位为像素。处理后的对比效果如图4-17所示。

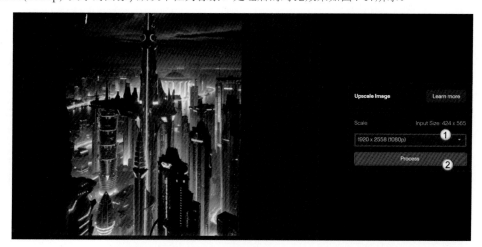

图4-16

处理前   图4-17   处理后

技巧提示 除了在Runway的主界面中打开Upscale Image工具，读者还可以在AI Magic Tools/Text/Image to Video界面下方单击█按钮，使用此处的Upscale（升级）功能使生成的视频画质更高，如图4-18所示。注意，由于当前使用的是Free Plan，所以此按钮显示为Upgrade，表示升级权限后才可使用该功能。

图4-18

4.4 设置画面相关性

与其他AI工具类似，在Runway中也能使用Seed让多个视频保持相同的视觉风格。Seed的功能类似于视频的"视觉指纹"，可以为生成过程提供一个风格参照。

当生成好视频后，单击界面底部的█按钮，可以查看当前视频的Seed，如图4-19所示。如果在生成其他视频时也想沿用当前视频的风格，那么可以在生成前将Seed的值复制到对应位置。另外，也可以勾选Fix seed between generations（在多次生成过程中固定种子），让所有生成的视频均保持这种风格。

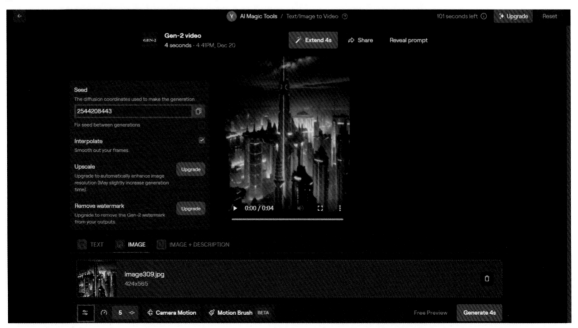

图4-19

技巧提示 Gen-2模型在输出视频的时候也会附加种子，只需要在Assets界面中单击世代，向下滚动即可看到它的种子。

4.5 精准控制镜头移动

第3章中简单介绍了Camera Motion的功能，尽管它目前只支持镜头的移动、变形、旋转和缩放等功能，但从生成的视频来看，读者应该可以明显感受到视频的可控性得到了增强，视频的整体效果也得到了提升。下面将展示如何利用Camera Motion功能精确地操控镜头移动，以实现基本的摄影机运动。

4.5.1 镜头辅助叙事

镜头对于视频的内容表达有一定的辅助作用，通过镜头可以控制叙事的节奏和画面的氛围。下面通过操作来进行演示。

01 在主界面中选择Text/Image to Video工具，然后选择TEXT（文本）模式，在文本框中输入内容为"一个在太空跌倒的航天员"的提示词，如图4-20所示。

> an astronaut tripping through space

图4-20

02 单击Free Preview按钮，进行预览。此时会生成4个预览画面，如图4-21所示。

图4-21

03 将鼠标指针移动到满意的预览图上，单击弹出的Use as image input（用作图像输入），将该预览图作为输入的参考图，如图4-22所示。在IMAGE模式中，暂不设置任何参数，直接单击Generate 4s按钮 Generate 4s ，便能得到一个简易的视频，如图4-23所示。

图4-22

图4-23

> **技巧提示** 视频中的航天员稍微移动了一下，然后露出背后的光，整个视频的信息太少了。下面为这个航天员赋予一个背景故事：这是一名脱离了飞船的航天员，在太空中无助地漂浮，看着自己离星球越来越远。

04 根据背景故事，航天员逐渐远离星球，所以应该向右上角移动，且越来越远，即航天员越来越小。确定好大概的画面变化后，单击Extend 4s按钮 Extend 4s ，接下来将在原视频的基础上进行编辑。单击Camera Motion按钮 Camera Motion ，第3章已经大致介绍了这些工具的用途，如图4-24所示。

图4-24

05 为了让航天员向右上角方向，即远离星球的方向飞，应该让镜头向相反的左下角移动，所以需要令镜头水平向左和竖直向下移动；为了突出航天员在宇宙中的渺小无助，可以让航天员在太空中旋转并逐渐缩小，远离镜头，所以可以选择顺时针旋转，同时缩小画面（拉远镜头）。参数调整参考如图4-25所示，效果参考如图4-26和图4-27所示。

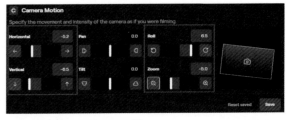

图4-25

图4-26

图4-27

> **技巧提示** 需要特别注意的是，这里提到的所有移动都是镜头移动，所以选择方向时应该代入摄像机视角，而非直接根据主体对象的移动方向进行选择。Camera Motion功能比较智能，但并不意味着不需要人去思考。智能只体现在简化操作和步骤上，读者还是需要具备独立思考视频剧情的能力。

4.5.2 运镜组合

Camera Motion中的6种运镜模式都是独立的，并不会互相干涉，这意味着可以将不同的运镜模式进行叠加，从而实现运镜需求。下面介绍4个组合及对应示例。

Horizontal+Vertical： 将镜头向左和向上移动，从而让人物向右下角移动，如图4-28所示。

Horizontal+Zoom： 向左移动镜头，并向后拉（缩小）镜头，可以让人物向右并向后远离画面，如图4-29所示。

图4-28 图4-29

Vertical+Zoom： 向上移动镜头，并向前推（放大）镜头，可以进行局部放大，如图4-30所示。

Roll+Zoom： 顺时针旋转镜头，拉远（缩小）镜头，可以旋转画面，如图4-31所示。

图4-30 图4-31

通过上面演示的几种运镜模式的叠加效果，可以明显感受到AI工具对视频的控制力比传统方式更强，视频画面的表现更能够满足需求。读者可以自行查阅运镜的相关知识，然后在Runway中进行应用，从而提高视频制作水平。

4.6 Topaz Video AI后期处理

虽然单一的AI工具可能并不十分完善，但可以集成多个AI工具进行视频创作。例如，Runway虽然内置了图像质量提升和流畅度调整等功能，但其输出结果并未达到理想状态，此时可以利用其他AI工具来优化视频质量。

Topaz Video AI可以在后期提升AI生成视频的质量。使用时只需要单击白色虚线框内的区域，即可上传本地视频进行编辑。为了便于理解，笔者使用的是中文版的Topaz Video AI V3.0.0。本次演示上传一段之前使用Runway生成的机器人战斗视频，上传区域和视频如图4-32和图4-33所示。

图4-32

图4-33

4.6.1 分辨率与质量增强

本节主要介绍设置分辨率和增强画面质量的方法，包含分辨率与帧速率、视频类型和AI模型等内容。

1.分辨率与帧速率

导入视频后，在右侧的"视频"面板会显示输入视频的分辨率与帧速率，以及选择的输出视频的分辨率和帧速率，如图4-34所示。

图4-34

2.视频类型

当选择分辨率后，下方的"增强"区域将被锁定，出现■图标，这表示前面选择的分辨率受到这一区域参数调节的影响。因此，在设置的时候应该先设置"视频类型"。

Topaz Video AI提供了3种视频类型，分别是Progressive（逐行扫描）、Interlaced（隔行扫描）、"交错逐行扫描"，如图4-35所示。

图4-35

视频类型参数解析

◇ **Progressive:** Topaz Video AI可以通过提高分辨率、减少噪声和提高质量来增强逐行扫描视频，且没有处理隔行扫描镜头的复杂性。

◇ **Interlaced:** 对于隔行扫描视频，Topaz Video AI可以对素材进行"去隔行"处理，将其转换为逐行扫描的形式，同时增强清晰度和细节。这对于较老的视频或最初以隔行扫描格式播放的内容至关重要。

◇ **交错逐行扫描：** Topaz Video AI的"去隔行"功能通过算法处理，将这些分开传输的奇数行和偶数行图像合并，重建为全帧图像，从而消除伪像，提高视频质量。这一过程也被称为"从隔行扫描重建全帧"。

> **技巧提示** 默认情况下，选择Progressive的视频类型即可，当输入的原视频包含隔行扫描等复杂内容时才会考虑选择另外两个类型。

3.AI模型

与其他AI工具一样，Topaz Video AI的功能同样由许多不同的模型共同实现，分别有"普罗透斯""伊利斯""阿尔忒弥斯""盖亚""忒伊亚"，如图4-36所示。

图4-36

AI模型功能解析

◇ **普罗透斯：** Proteus。该模型提供了高度个性化的设置，允许微调增强过程以适应各种视频。

◇ **伊利斯：** Iris。该增强模型主要用于增强面部或中低质量的视频。

◇ **阿尔忒弥斯：** Artemis。该模型为视频降噪和细节增强而设计，通常用于改善带有大量噪声的镜头。

◇ **盖亚：** Gaia。该模型着重于实现自然的效果，非常适合放大和增强视频，同时会保留更多原视频的信息。

◇ **忒伊亚：** Dione。该模型为处理隔行扫描镜头而设计，用于"去隔行"处理并将旧视频增强到现代标准。

> **技巧提示** 软件在模型后标注了对应的应用特点，读者只需要根据需求和视频类型进行选择即可。

4.参数

默认情况下参数由AI自动控制。如果对结果不满意，读者可以通过切换"手动"模式进行参数调整。笔者建议单击"估算"按钮，即在AI提供的参数基础上进行调节，部分参数如图4-37所示。

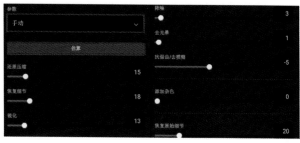

图4-37

参数解析

◇ **还原压缩：** 分析视频并构建更清晰的图像，使其更接近原始的未压缩内容，即更自然。

◇ **恢复细节：** 调整视频中恢复的细节量。

◇ **锐化：** 增强边缘对比度，使细节更加清晰。

◇ **降噪：** 控制应用于视频的降噪量。

◇ **去光晕：** 减少高对比度边缘周围出现的光晕伪影。

◇ **抗锯齿/去模糊：** 细化细节并使视频内容显得更加稳定和清晰。"去模糊"通常会抵消录制过程中由于摄像机、拍摄对象移动或焦点问题而产生的模糊效果。

◇ **添加杂色:** 调整颗粒的添加量,使视频更具电影感或减少现有颗粒。

◇ **色彩调整:** 调整视频的色彩平衡和饱和度。

4.6.2 稳定与消除运动模糊

在保证画面质量后,需要使视频能够让人看得更舒服,这就需要一个稳定的画面。打开"稳定"功能,可以减少视频中的画面抖动,在某些视频上可以产生比传统防抖更好的效果,如图4-38所示。该功能会分析视频中的运动,然后调整帧,以保持一致的画面视角。这样可以减少画面带来的晕眩感,对于拍摄时没有三脚架或在移动中拍摄的视频有很大帮助,例如手持智能手机镜头或运动视频剪辑。重要参数如图4-39所示。

图4-38　　　　　　　　　　　　　　　　　　图4-39

参数解析

◇ **模式:** 可以选"全画幅"或"自动裁剪"。前者通常是指保持整个帧的内容可见,这可能会导致视频在稳定后出现可见的边框。后者自动裁剪视频的边缘,以确保帧保持填充状态而不显示这些边框,这可能会丢失一些边缘内容,但通常会产生更一致的镜头。

◇ **卷帘快门校正:** 用于修复由卷帘快门效果引起的失真,这是使用CMOS传感器录制的视频中的常见问题。当摄像机快速移动或捕捉快速移动的物体时,此问题可能会导致直线显得弯曲或摇晃。

◇ **减少抖动:** 对使用手持设备拍摄的镜头或摄像机发生小而快速的移动的情况比较有用,可以使画面看起来不那么摇晃,让拍摄的内容显得更专业、稳定。

> **技巧提示** 卷帘快门的英文为Rolling shutter,这种快门的特点是CMOS像素(二极管)渐次曝光,即CMOS一个接一个地曝光,可以让视频达到更高的平顺率,但坏处是被摄主体在快速移动时会出现部分曝光、斜坡图形、晃动等现象。

4.6.3 帧插值和颗粒

在画面稳定性达到标准后,可以将操作目标转向视频内容。Runway生成的视频可能会出现频繁的卡顿现象,即所谓的"掉帧",让画面不够流畅,这很大程度地影响了观看体验。有意思的是,从Runway(Gen-2模型)中下载视频时,显示的确实是每秒24帧,但实际上每秒却只有8帧。展示的每一帧其实是3个帧的持续时间,因此可以得到8×3=24的结果,这也解释了为什么Runway生成的视频并不流畅。接下来将通过Topaz Video AI中的帧插值功能来解决这个问题。

01 在"视频"面板可以选择比输入视频更高的帧速率,AI将分析现有帧并在它们之间生成新帧,从而创建更平滑的运动效果。这里选择60,默认单位为FPS,如图4-40所示。

图4-40

02 使用"慢动作"可以减慢素材的播放速度，多用于强调在正常速度下可能不那么明显的动作或细节，选项如图4-41所示。

> **技巧提示** 与质量增强功能一样，帧插值功能也由不同的AI模型提供支持，下面简单介绍一下。
>
> ◇ **Apollo（阿波罗）：** 为高质量帧插值而设计，在现有帧之间创建新帧以实现平滑运动，生成的视频质量较高，但是处理速度相对较慢。
>
> ◇ **Apollo Fast（阿波罗快速）：** Apollo模型的更快版本，牺牲一定的画面质量来换取更快的处理速度。
>
> ◇ **Chronos（克罗诺斯）：** 用于实现高质量慢动作效果，会生成额外的帧以实现超平滑的慢动作画面，可以模拟高速摄像机镜头效果。
>
> ◇ **Chronos Fast（克罗诺斯快速）：** Chronos模型的更快版本，在对速度有要求的情况下更快提供慢动作效果，但会适当牺牲质量。

图4-41

03 为了使画面更自然，可以打开"颗粒"功能。这里的"颗粒"是指在图像或视频中可见的微小噪点或颗粒状结构，这是由于拍摄条件（如高ISO）等而形成的，或者是为了艺术效果而故意添加的。使用"颗粒"功能可以增加纹理感和电影感，特别是在将视频放大或提升分辨率时，可以使画面看起来更自然和减少数字感。参数面板如图4-42所示，颗粒感效果如图4-43所示。

图4-42

图4-43

经过前面的设置，现在可以通过调整"输出设置"的参数来输出视频。选择合适的"编码"和需要的格式即可，如图4-44所示。这里介绍几种常见的编码格式。

图4-44

常见编码格式解析

◇ **H.264：** 高压缩率格式，拥有良好的兼容性，适用于网络分发。

◇ **H.265（HEVC）：** 相比H.264，可以提供更高效的压缩，适用于4K及以上的分辨率。

◇ **ProRes：** 适用于专业视频编辑，提供无损或几乎无损的质量，适合Apple生态系统。

◇ **AVI：** 基于开源编码器，提供高压缩效率，是未来网络视频的可能标准。

> **技巧提示** 笔者个人推荐使用H.264。关于"容器"（格式）的设置，读者可以根据个人需求选择mov、mkv或mp4。参数设定完成后单击Export按钮 Export 即可输出视频。

4.7 Runway模型训练

之前使用的所有AI工具均基于现成的模型。当面临个性化需求时，现有模型可能无法满足。因此，需要根据具体需求训练出适用的模型，即自定义AI模型，俗称"模型训练"。

自定义模型是为了更好地满足特定需求或偏好，通过调整参数、修改架构或根据专用数据进行训练来实现。其目标是创建一个在特定任务或数据集上优于通用模型的模型。例如，可以定制语言模型以理解医疗保健应用中遇到的医学术语。这种定制化能帮助使用者在特定领域或应用程序中获得更准确的结果。注意，由于自定义模型是基于特殊数据集进行训练的，其应用范围通常较为局限，只能用于特殊目的。

Runway的模型训练模块就在主界面菜单栏的底部，即AI Training，如图4-45所示。单击后可进入AI Training界面，这里提供了3个简单易上手的AI模型训练工具，分别是Train a Portrait Generator（训练一个人像生成器）、Train an Animal Generator（训练一个动物生成器）和Train a Custom Generator（训练一个自定义生成器），如图4-46所示。下面以Train an Animal Generator为例进行模型训练演示。

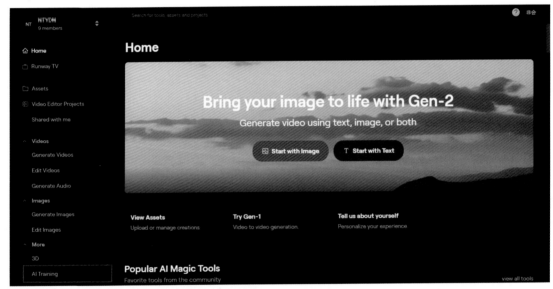

图4-45

图4-46

4.7.1 准备参考图片

在进行模型训练之前，要确定想得到什么模型，这里希望得到一个能生成布偶猫图片的模型，期望生成结果如图4-47所示，可将该图片作为训练数据。接下来需要收集布偶猫的图片，大概15~30张即可。在收集时尽量保证不同的背景和灯光信息，但是需要保持画面内的主要元素只有布偶猫。注意，输入的图片长宽比最好为1∶1，即最好先在图片编辑软件中对图片进行裁切处理，如图4-48所示。

图4-47   图4-48

> **技巧提示** 如果期望模型结果展现出更高的一致性与稳定性，应优先选择外观相仿的猫咪作为参考。因此，如果读者希望生成个人猫咪模型，理想的做法是拍摄一系列照片作为输入图片。接下来展示的所有图片，均取自网络素材库。注意，一旦开始训练，输入的图片将无法进行修改，因此在挑选图片时需慎重考虑。

01 单击AI Magic Tools/Animal Generator界面中的Create Generator（创建生成器）按钮 `Create Generator`，然后将准备好的图片上传到Runway中，并进行检查，在确认无误后单击右侧的Next（下一步） `Next` 按钮，如图4-49所示。

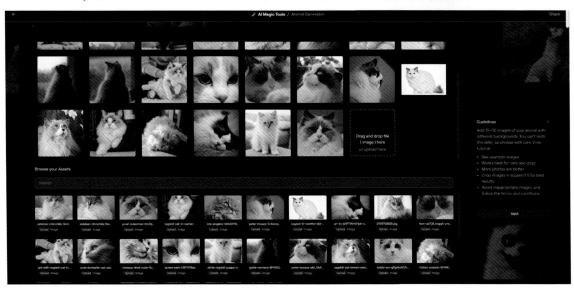

图4-49

02 为模型命名，在Keyword（关键词）中输入Ragdoll（布偶猫），单击Next ▨▨▨▨Next▨▨▨▨ 按钮，如图4-50所示。

图4-50

03 Runway会进行模型训练，在3个AI工具旁边可以查看当前训练进度，如图4-51所示。等待一段时间后，会得到训练好的Ragdoll模型，如图4-52所示。打开模型后可以浏览此次训练的模型效果，如图4-53所示。

图4-51

图4-52   图4-53

4.7.2 自定义模型出图

下面对生成的模型进行验证。

01 在主界面的Home面板单击Text to Image工具，进入AI Magic Tools/Text to Image界面，如图4-54所示。

图4-54

02 操作方法与其他工具相似。因为训练这个模型的目的是生成一些布偶猫的图像，所以将提示词内容设为"美丽的布偶猫图像"，在Prompt指令框中进行英文输入，并在下方选择前面训练的Ragdoll模型，如图4-55所示。

A beautiful portrait of Ragdoll

03 进行参数设置。在Settings面板中设置Ratio为Widescreen(16:9)［宽屏（16∶9）］，Resolution为2K，Style为None（无），Number of Outputs为4，如图4-56所示。

图4-55　　　　　　　　　　　图4-56

技巧提示 除了上面的基础设置，读者还可以单击Advanced命令，然后设置Prompt Weight、Seed等参数，这些内容在前面都有介绍。

04 单击Generate按钮 Generate ，即得到4张图像，如图4-57所示。

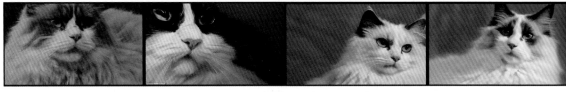

图4-57

第 **5** 章

Runway与
其他AI工具关联

本章主要介绍可以和Runway关联使用的AI工具。使用这些工具可以完成文案创作、图片创作和视频创作等工作。注意,AI工具的选择并不是局限在这些工具中的,读者可以根据需求搜索其他类似的AI工具。使用AI工具制作视频的重点是制作思路和流程,读者应该在不同环节灵活地借助AI工具来提高工作效率。

5.1 聊天类AI工具

ChatGPT属于聊天型人工智能机器人，在自然语言处理（NLP）和人机交互领域实现了技术创新与突破。它基于GPT（Generative Pre-trained Transformer）架构，通过对大规模数据集的深度学习和训练，拥有了理解和生成自然语言文本的强大能力。ChatGPT能够依据上下文信息产生连贯且具有逻辑性的回复，不仅能够回答简单的问题，还能处理复杂的查询请求。它甚至能在对话中表现出幽默感与同理心，具有卓越的交互性能。在视频制作领域，该工具通常用于构思剧情或进行创意指导等。因为文本处理的操作比较简单，所以本节将不进行单独介绍，会在第6章结合案例讲解操作方法。本节主要介绍调用DALL·E生成图像的方法。

> **技巧提示** 如果因为网络问题无法平稳地使用ChatGPT，读者可以使用其他聊天类AI工具进行替代，如百度的"文心一言"等。这些聊天类AI工具的操作方法基本一致，即进入工具的官方网站，然后登录账户，接着通过对话聊天的方式进行操作。

5.1.1 ChatGPT

目前常用的两个版本是ChatGPT 4和ChatGPT 3.5，对应不同的模型。建议有条件的读者使用更有优势的ChatGPT 4模型，它可以集成或调用其他内部模型和工具来增强ChatGPT的功能，如DALL·E、内置浏览器，以及其他特定功能模块。ChatGPT 4的对话界面如图5-1所示。

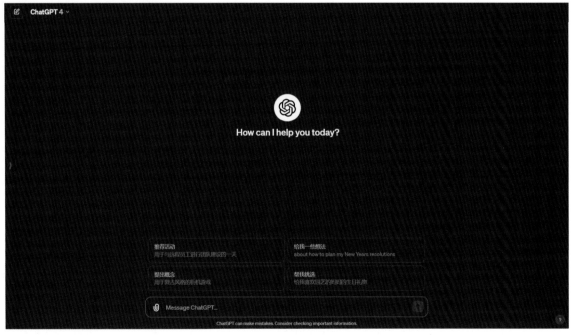

图5-1

重要模型解析

◇ **DALL·E：** 用于生成图像的模型。当用户请求生成特定的图像时，ChatGPT可以调用DALL·E或类似的图像生成模型，以创建符合描述内容的图像。

◇ **内置浏览器工具：** ChatGPT可以使用内置的浏览器来执行网络搜索任务，提供基于当前最新网络信息的回答，例如使用Bing作为搜索引擎。

◇ **其他特定功能的模型：** 对于一些特定的功能和任务，如编程、翻译、数学问题解答等，ChatGPT会集成专门的算法或模型来进行处理。

5.1.2 调用DALL·E生成图像

DALL·E采用了一种名为Transformer的神经网络架构,该架构初始设计用于增强自然语言处理能力,目前已经扩展应用于图像生成领域,实现了根据文本描述生成相应图像的功能。界面如图5-2所示。

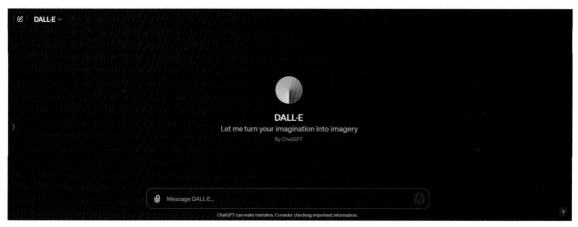

图5-2

DALL·E特点解析

◇ **创造力与想象力的融合:** DALL·E的核心特点在于它的无限创造力。它能够根据文本描述,将纯文字的想象转化为视觉图像。这种能力让人们能够将想法变为现实,创造出传统手段难以实现的艺术作品。

◇ **精准的视觉呈现:** DALL·E对文本描述的理解惊人地精准。无论是对具体物体的描述,还是对抽象概念的表达,它都能够生成与之高度匹配的图像。这种精准性不仅体现在物体的形状和颜色上,还包括场景的氛围和情感的表达。

◇ **风格上的多样性:** DALL·E生成的图像在风格上具有多样性。它能够模仿从古典到现代的各种艺术风格,也能创造出全新的视觉风格。这为艺术家和设计师提供了广阔的实验空间。

◇ **组合与变化的能力:** DALL·E能够将不同元素和概念进行组合和变化,创造出独特的图像。它能够在一个图像中融合多个概念,甚至是看似不相关的元素,产生富有创意的结果。

◇ **文化敏感性:** 作为一种智能工具,DALL·E在理解和反映不同文化元素方面表现出了一定的敏感性。它可以根据特定的文化背景生成符合文化特色的图像,这使得它在全球范围内具有广泛的适用性。

◇ **对未来艺术的影响:** DALL·E不仅是一个技术产品,更是对未来艺术和创造力的一种探索。它拓宽了艺术创作的边界,提供了一种全新的创作方式,这对艺术家、设计师甚至普通人都是一种启发和挑战。

> **技巧提示** DALL·E和Stable Diffusion都是人工智能图像生成领域的重要模型,但它们在核心技术和实现方法上有着显著差异。DALL·E基于变换器(Transformer)架构,而Stable Diffusion则基于扩散模型。
>
> **DALL·E**
> **架构:** DALL·E使用的是变换器架构,这种架构最初设计用于处理和生成文本。
> **工作方式:** DALL·E通过理解文本描述和学习大量的图像、文本,能够生成与文本描述相匹配的图像。
> **应用:** DALL·E擅长根据具体和复杂的文本描述生成创意丰富的图像。
>
> **Stable Diffusion**
> **架构:** Stable Diffusion是基于扩散模型的。扩散模型是一种生成模型,它通过逐渐将数据从无序状态(如随机噪声)转换为有序状态(如特定图像)的方式来工作。
> **工作方式:** 扩散模型在生成过程中模拟了一种物理过程,即数据从高熵(无序)状态逐渐转换到低熵(有序)状态。这个过程涉及多个步骤,可以逐步改善图像的质量和清晰度。
> **应用:** 扩散模型主要用于生成图像、修复图像、提高分辨率等。
> 关于Stable Diffusion的内容,本章后续会进行讲解。

下面演示如何使用DALL·E与Runway进行关联创作。

01 在ChatGPT中调用DALL·E，然后输入提示词，即可生成图像，如图5-3所示。

> 海啸，渺小的灯塔，1920*1080

图5-3

02 将鼠标指针移动到图像上，单击图像左上角的下载图标 ↓，即可将图像文件下载到本地，如图5-4所示。

图5-4

技巧提示 注意，直接单击DALL·E生成的图片，可以查看根据当前图像生成的提示词，且显示为英文形式。如果读者有需求，可以直接复制提示词，如图5-5所示。

图5-5

03 将下载的图像文件导入Runway，然后使用Text/Image to Video工具生成视频，如图5-6和图5-7所示。

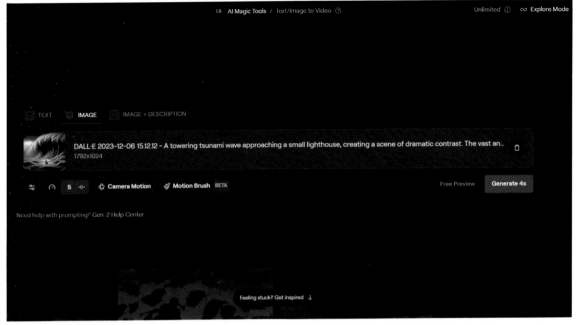

图5-6

图5-7

5.2 绘画类AI工具

提到绘画类AI工具，Midjourney和Stable Diffusion是绕不开的"两座大山"。前者以操作简单、出图效率高、入门门槛低成为亮眼明星，后者以模型学习能力强、精准度高、可编辑性强而深受画师、设计师喜爱。本节将分别简要介绍这两个工具。

5.2.1 Midjourney

在Midjourney中输入描述画面的提示词（英语），等待1分钟左右，就可以生成对应的图像。Runway和Midjourney具有协同作用，可以在很多领域产生合作。例如，设计师可以利用Runway进行创意艺术创作，并使用Midjourney进行模型的训练和优化，使其创作作品更具个性和新意；视频制作人员可以使用Runway进行视频处理和特效制作，并配合Midjourney的模型训练功能，提高视频质量和创新程度；数据科学家和研究人员可以利用Midjourney进行机器学习模型的开发和优化，并结合Runway的数据可视化和探索功能来分析和解释模型的结果等。

这是一名用户分享的作品，通过使用Midjourney和Runway制作了一个《芭比》和《奥本海默》拼接电影 *Barbenheimer*（芭本海默）的预告片，用时仅4天。预告片的片段如图5-8和图5-9所示。

图5-8   图5-9

下面以 *Barbenheimer* 预告片片尾的"粉色爆炸"为例，演示一下Midjourney和Runway的关联操作。

01 打开Midjourney，在下方指令框中输入/imagine，然后选择弹出的/imagine指令，如图5-10所示。

图5-10

02 对画面进行描述，这里的提示词大意为"炸弹在沙漠中爆炸，在空中产生了巨大的粉色的烟雾，远视角，比例为16：9"。将提示词翻译成英文，输入指令框，如图5-11所示。

The bomb exploded on the desert, producing a huge pink smoke in the air. From a far perspective, from above --ar 16:9

图5-11

03 按Enter键发送提示词。等待1分钟左右，Midjourney会根据提示词生成4张图像。在进行对比后，认为第2张图（右上角）的效果较好，于是选择该图作为视频的第1帧。单击U2按钮 U2，Midjourney会对第2张图进行放大并补充更多细节，如图5-12所示。

技巧提示 如果想对某张图进行微调，如第2张，可以单击V2按钮 V2，Midjourney就会对第2张图进行细微的调整，重新生成4张图。

图5-12

04 此时，Midjourney会将第2张图放大。将鼠标指针移动到该图上，单击鼠标右键，选择"保存图片"命令，将该图像文件下载到本地，如图5-13和图5-14所示。

图5-13

图5-14

05 进入Runway，在Runway主界面选择Text/Image to Video工具，如图5-15所示。

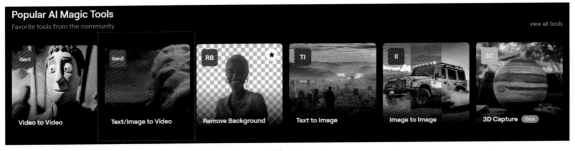

图5-15

06 选择IMAGE模式，将刚才下载的Midjourney生成的图像拖曳到图像上传区域，如图5-16所示。

图5-16

07 单击Generate 4s按钮 [Generate 4s]，生成视频。视频内容出现了爆炸烟雾不断扩大的画面，如图5-17所示。如果觉得效果不错，可以单击Download按钮 ，将其下载到本地。

技巧提示 至此，一共花费了大约3分钟的时间，得到了一段"粉色爆炸"的4秒视频，而且画面效果很好。总的来说，Runway和Midjourney是两个独立但互补的工具，它们的结合可以帮助用户在有限的时间内完成更多的事情。关于Midjourney的配置方法，读者可以通过互联网查询。

图5-17

5.2.2 Stable Diffusion

Stable Diffusion（以下简称SD）是一个基于深度学习的文本到图像生成模型。该模型可以用于根据文本描述生成指定内容的图像，即"文生图"；也可以用于对已有的图像进行转绘，即"图生图"；还可以用于图像的局部重绘、外补扩充、高清修复，甚至生成视频动画等。

截至编写本书之时，Stable Diffusion XL（俗称SDXL）为最新版本。SDXL有两个主要的版本，分别为SDXL v0.9和SDXL v1.0。读者可以在Stability AI平台上使用它们，也可以在GitHub中下载开源代码。Stability AI官网页面如图5-18所示。

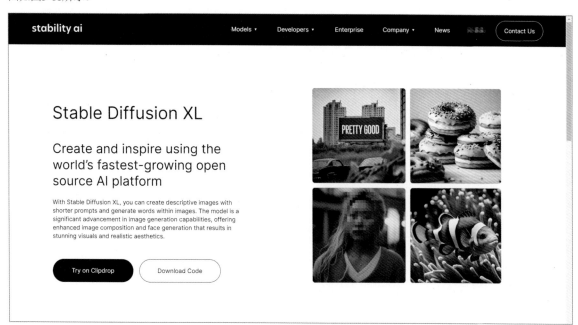

图5-18

技巧提示 Stable Diffusion有一个免费在线平台，即Stable Diffusion Online，读者可以在该网站使用Stable Diffusion XL模型来创建和编辑图像，如图5-19所示。

图5-19

关于Stable Diffusion在本地计算机的配置方法，读者可以在网上搜寻相关教程。第6章会详细介绍如何使用Stable Diffusion进行自媒体视频的分镜图绘制。

5.3 视频类AI工具

除Runway之外，其实还存在很多视频类AI工具，它们的操作思路与Runway大致类似。本节将介绍比较常用的几种视频类AI工具，读者可以根据实际需求选择并使用它们。

5.3.1 Stable Video Diffusion

Stable Video Diffusion（以下简称SVD）是Stability AI推出的一个基于图像生成视频的模型。SVD建立在SD的基础上，可以根据给定的图像生成一段连续的视频。视频效果如图5-20所示。

图5-20

编写此部分内容时，Stable Video Diffusion仍未集成到Web UI，因此需要使用Google Colab进行操作与讲解。SVD的Colab项目页面如图5-21所示。下面使用SVD进行视频生成。

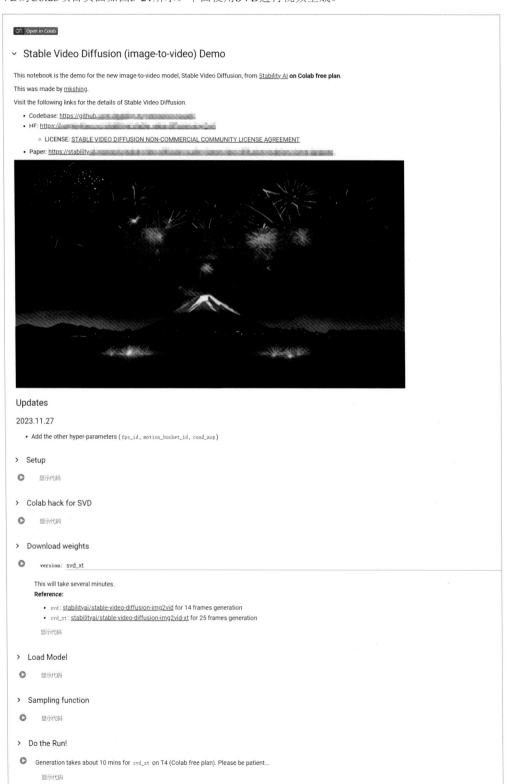

图5-21

01 单击Setup（安装）下方的运行按钮 ⊙，如图5-22所示。在弹出的对话框中选择"仍然运行"，程序便开始运行，如图5-23所示。

图5-22

图5-23

技巧提示 单击右上角的资源区域，可以看到已经开始分配GPU的资源，如图5-24所示。

因为当前笔者的账号处于未订阅状态，需要先下载一些依赖程序，所以安装的用时会比较长，大约5分钟。下载完成后会出现提示，如图5-25所示。

图5-24

图5-25

02 单击Colab hack for SVD（Colab激活SVD）下方的运行按钮 ⊙，如图5-26所示。这时的运行速度会比较快，仅1秒后就可以看到左侧的绿色对钩图标，表明已经运行结束，如图5-27所示。

03 下载权重。这一步需要选择模型版本，因为svd模型支持14帧，svd_xt模型支持25帧且生成的视频效果更好，所以此处选择svd_xt，如图5-28所示。

图5-26

图5-27

图5-28

04 单击Download weights（下载权重）下方的运行按钮 ⊙，如图5-29所示。下载完毕，用时1分钟，如图5-30所示。

图5-29

图5-30

05 单击Load Model（加载模型）下方的运行按钮 ▶ ，如图5-31所示。

图5-31

技巧提示 如果运行过程中出现报错情况，说明缺少了依赖程序，可以根据指引进行下载，如图5-32所示。

根据报错中的提示，需要执行!pip install或者!apt-get install命令安装。

pip install和apt-get install是两种安装软件包和依赖的命令，它们分别用于Python包的管理和Linux系统的包管理。

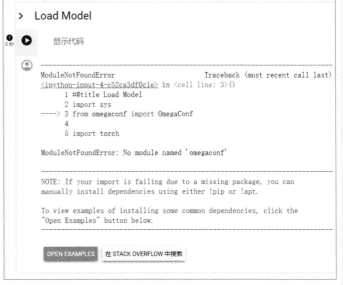

图5-32

pip install

pip是Python的包管理器，用于安装和管理Python包。当使用pip install package_name命令时，它会从Python包索引（PyPI）下载并安装指定的包。例如，执行pip install numpy命令会安装NumPy库，这是一个广泛用于科学计算的Python库。在一些环境（如Jupyter Notebook或Google Colab）中，需要在命令前加上感叹号"!"以在Notebook的单元格中作为shell命令执行。

apt-get install

apt-get是Debian及其衍生系统（如Ubuntu）的包管理工具，用于安装和管理系统级的软件包。使用apt-get install package_name命令可以安装Linux发行版的官方库中的软件包。例如，执行apt-get install git命令会安装Git工具。与pip一样，在Jupyter Notebook或Google Colab等环境中，"!"用于在单元格内执行系统命令。

因为Stable Diffusion依赖于Python的机器学习和图像处理库，所以需要安装缺少的包。下面介绍具体操作方法。

（1）单击OPEN EXAMPLES（打开示例）按钮 OPEN EXAMPLES ，跳转到安装页面，如图5-33和图5-34所示。

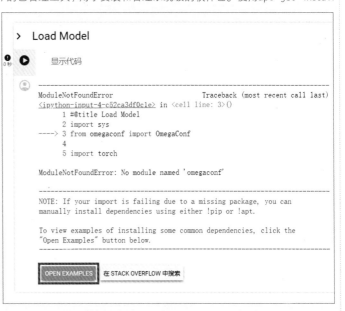

图5-33

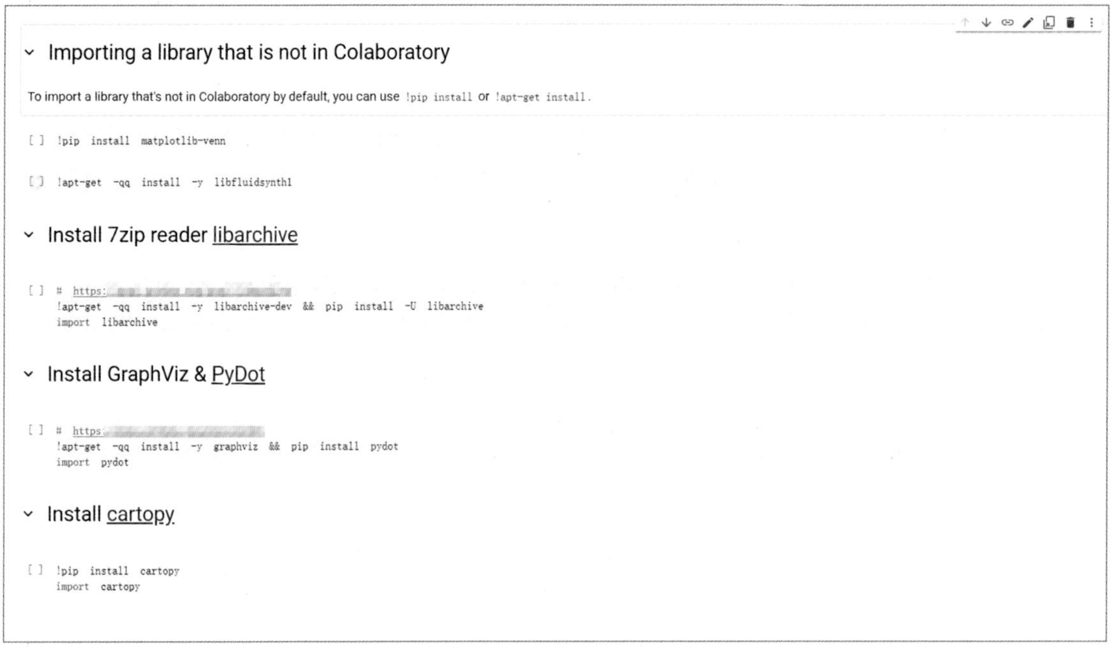

图5-34

（2）单击!pip install左侧的运行按钮 ▶ 进行安装，如图5-35所示。下载完毕，用时8秒，如图5-36所示。

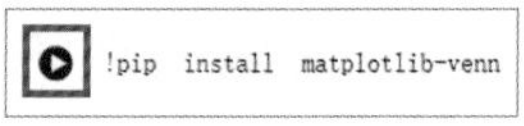

图5-35

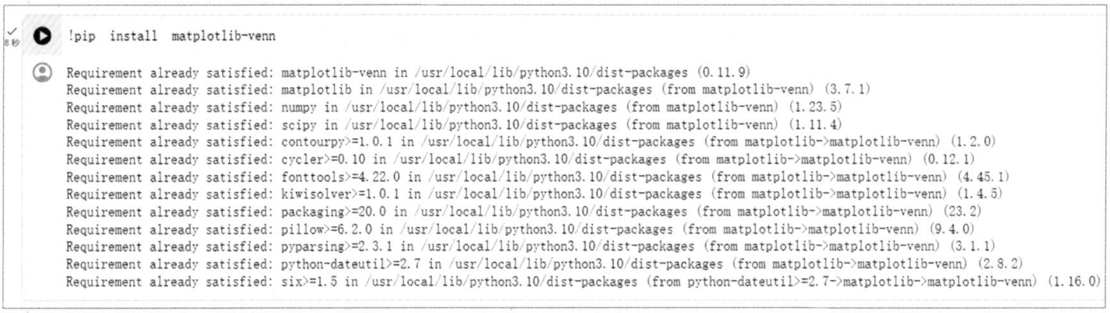

图5-36

（3）返回SVD运行页面，单击Load Model下方的红色运行按钮 ▶ ，重新运行该步骤，如图5-37和图5-38所示。

图5-37

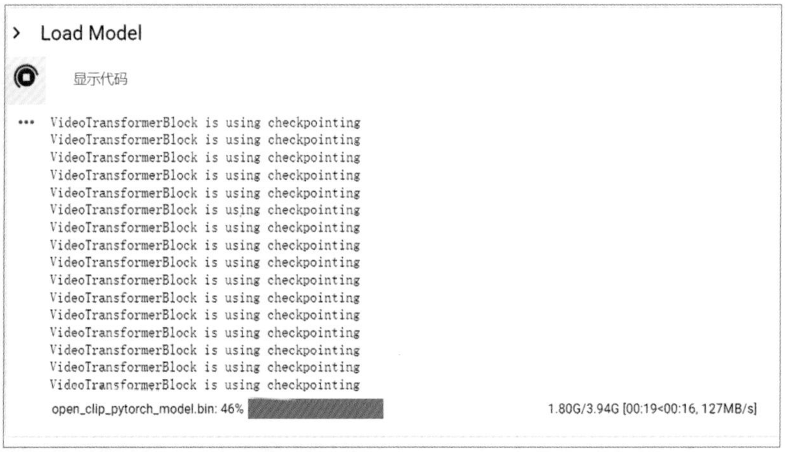

图5-38

06 单击Sampling function（抽样函数）下方的运行按钮⊙，如图5-39所示。运行完毕，用时大约1秒，如图5-40所示。

07 单击Do the run!（立即运行！）下方的运行按钮⊙，如图5-41所示。

图5-39　　　　　　　　　　图5-40　　　　　　　　　　图5-41

技巧提示 当执行这一步的时候，程序将一直保持运行状态，因为它会持续监视前台发送的数据，从而生成视频。运行该步骤后大约10秒，便会显示程序的公网网址，以及下方的程序框架页面，说明程序已经成功部署了，如图5-42所示。接下来可以在此框架页面进行操作，也可以直接访问程序的公网网址。两者并没有什么区别，只是后者的页面更清晰。

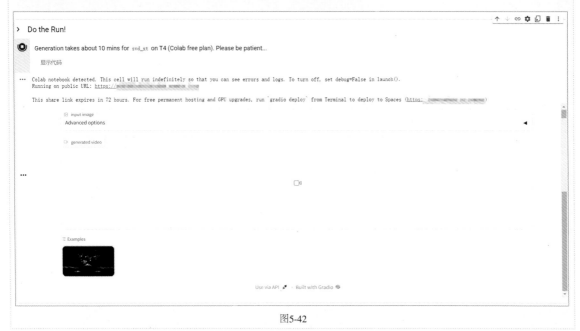

图5-42

08 笔者选择单击网络链接来访问程序的公网网址，会进入一个简洁的程序前台页面，如图5-43所示。

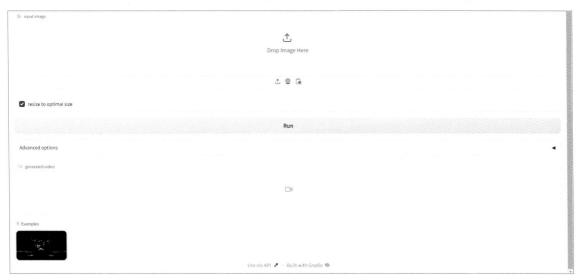

图5-43

技巧提示 因为SVD是一个以图生视频的模型，所以界面中没有指令框。界面中间有3个按钮，从左至右分别为"上传图像文件"按钮⌃、"启动实时拍摄"按钮◉和"从剪贴板获取图片"按钮⌸。

09 单击"上传图像文件"按钮⌃，上传图5-44所示的图片，然后单击Run（运行）按钮 Run ，进行视频生成。

图5-44

技巧提示 为了更好地检验SVD生成视频的效果，此处专门对比了由ChatGPT生成提示词并在Runway中使用Gen-2模型转换为视频的素材。对比之下，Runway的效果确实更佳。不过随着版本的更替，SVD应该能不断优化，读者可以将其作为一个备用工具。

5.3.2 Canva

Canva是一个免费的在线平面设计平台，主要用于生成各种类型的设计作品，如社交媒体贴文、简报、海报、视频、标志等。

Canva常用AI工具解析

Magic Write： 文案生成工具。输入提示词，它会提供多种风格和语气的文案。

Magic Edit： 图像风格转换工具。用于应用不同的滤镜，如油画、素描、卡通等，或者调整图像的亮度、对比度、饱和度等。

Magic Resize： 自动调整尺寸工具。可以将设计适配到不同的平台和场景。

Magic Background Remover： 自动抠除背景工具。可以将图像中的人物或物体从背景中分离出来，然后置于新背景或其他设计中。

Magic Layout： 自动排版工具。可以根据内容和目的选择不同的布局模板，也可以让AI推荐合适的布局，让设计更加美观和专业。

此外，Runway与Canva合作推出了一款名为Magic Media的应用，除在Canva中使用文本生成图像以外，还可以直接使用Runway的Gen-2模型生成高质量的视频。Magic Media主界面如图5-45所示。

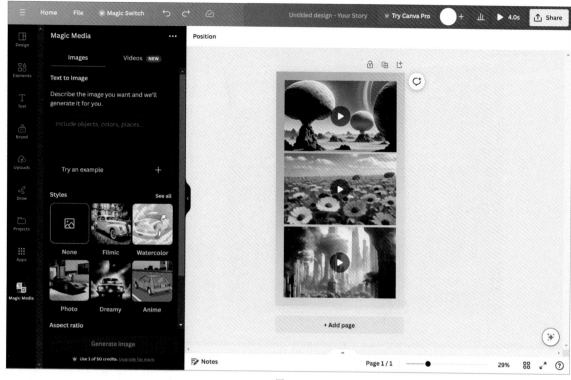

图5-45

1.根据文字生成图像

01 切换到Images模式，在指令框中输入提示词，位置如图5-46所示。

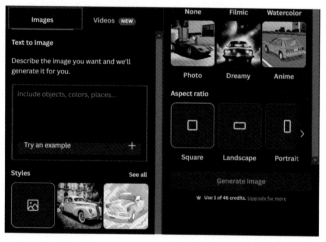

图5-46

> **技巧提示** 如果暂时没有创意思路，可以让Canva提供一些基础的例子。单击指令框下的Try an example（尝试一个示例）按钮 Try an example + ，可以自动填充提示词，如图5-47所示。此时按钮会变为Try another（尝试另一个）按钮 Try another ⟲ ，单击可以切换各种不同的提示词，如图5-48所示。

图5-47   图5-48

02 在Styles中可以选择图像风格，如图5-49所示。

03 在Aspect ratio（纵横比）中可以选择画面的比例，如图5-50所示。一切设置好后单击Generate image按钮 Generate image ，生成的图像如图5-51所示。读者可以根据自己的需求输入提示词。

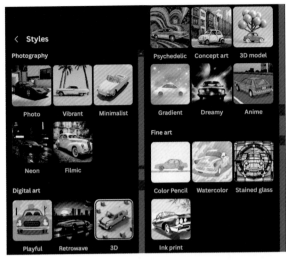

图5-49

图5-50

图5-51

技巧提示 每次会生成4张图像，读者可以单击任意一张图像右上角的 图标，如图5-52所示。选择Generate more like this（再生成与该图效果类似的图），可以生成与该图类似的另外3张图，如图5-53所示；单击任意一张图，可以在右侧画布中对其进行编辑，如图5-54所示。选择Generate video，可以以此图为基础生成视频，如图5-55所示；单击生成的视频，可以在右侧画布中对其进行编辑，如图5-56所示。

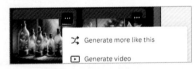

图5-52

图5-53

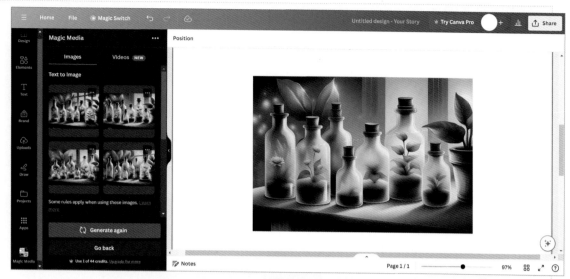

图5-54

图5-55

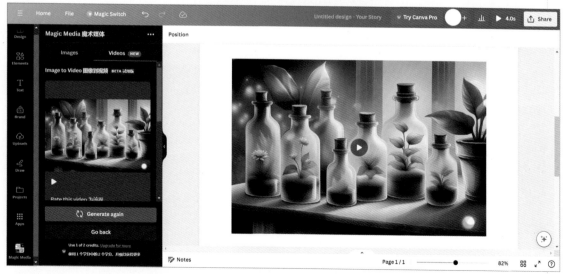

图5-56

2.根据文字生成视频

切换到Videos模式。与Images模式一样，也是需要进行提示词输入的，如图5-57所示。同样，设置完成后单击Generate video按钮 ，即可生成视频，如图5-58所示。单击生成的视频，可以在右侧画布中对其进行编辑，如图5-59所示。

图5-57

图5-58

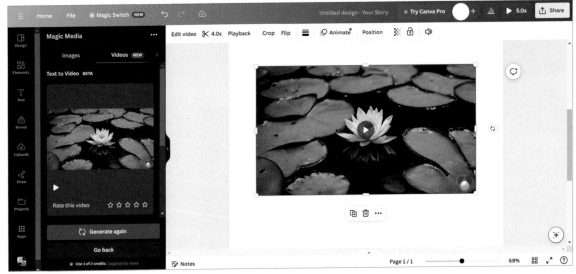

图5-59

5.3.3 Pika Labs

Pika Labs被称为视频领域的Midjourney，两者都基于Discord社区。下面介绍操作方法。

01 进入Pika Labs的官网，单击JOIN BETA（加入测试）按钮 JOIN BETA →，会跳转到Discord邀请界面，单击"接受邀请"按钮 接受邀请，如图5-60所示。接下来使用Discord账号登录即可。

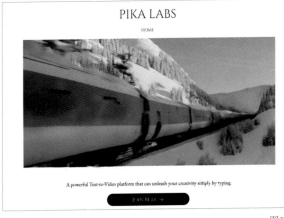

图5-60

02 进入Discord，切换到Pika Labs频道，单击左边的generate-1~9聊天室，如图5-61所示。Pika Labs提供了两种生成视频的方式，一种是以文字生成视频，另一种是根据图像生成视频。

图5-61

1.根据文字生成视频

在下方输入/create，在弹出的prompt框内输入描述，如图5-62所示。

笔者希望生成一段"一个美丽的女孩在户外看书"的视频，将描述翻译为英文，并设定视频比例为2：3，清晰度为4K，如图5-63所示。

A beautiful girl reading books, outdoors,4K -ar 2:3

图5-62

图5-63

将鼠标指针移动至视频上方，即可通过与前面一样的方式下载和保存视频。

2.根据图像生成视频

同样输入/create，然后选择prompt框外的"增加1"，这时候会弹出image上传区域，单击即可从本地上传图像，如图5-64所示，接着输入有关画面内容及动作的描述，即可生成视频。

Pika中也有一些后缀参数可以使用，常用的有以下5项。

◇ -gs（guidance scale）：生成视频与文本的关联程度，建议数值范围为8~24，数值越高，视频内容与提示词的关联性越强，如a girl in the wind -gs 15。

◇ -neg（negative prompt）：反向提示词，从视频中排除不需要的元素，如-neg human。

◇ -ar（aspect ratio）：横纵比，如16：9、1：1、2：3等。

◇ -seed：种子编号，用于生成内容较为一致的视频，种子编号会显示在生成好的文件名中。

◇ -motion：画面的运动幅度，可选数值为0、1、2。

图5-64

第 **6** 章

AI视频制作技术
商业应用

本章将介绍如何使用多款AI工具进行商业视频的制作，涉及的软件包括Runway、Midjourney、Stable Diffusion、ChatGPT、剪映等。注意，本章的内容重点是制作思路，并不是具体的操作过程，因为如果读者在进行操作时AI环境不同，得到的结果也会有出入，但是操作思路是不变的。

6.1 电商网页动图制作

在过去，网页动态效果的实现主要依赖于GIF图像，因此涌现出众多专业的图像编辑软件和相关的工具，如Adobe Flash、CSS、JavaScript等，它们提供了极大的灵活性和便利性，使得制作出复杂且生动的动态效果成为可能。

电商网页动图的制作包括基础的图像编辑、动画设计及前端开发等环节，需要结合使用设计、动画和编程等领域的技术。目前，电商网页动图已经相当普遍，并且形式日益多样化。AI技术在电商领域发挥了重要作用，它可以辅助设计，节省时间，并在短时间内生成多套设计方案。

6.1.1 运动鞋动态图

下面制作"一只运动鞋在展示台上旋转"的动图，本例使用Runway作为实现平台，如图6-1所示。

图6-1

1.流程对比

传统电商动图制作流程

第1阶段： 由摄影师对运动鞋进行拍摄或者使用3ds Max、Cinema 4D、Blender等软件进行建模和渲染。

第2阶段： 由电商设计师或者平面设计师使用Flash等软件制作动画。

第3阶段： 进行后期调色处理。

AI参与的制作流程

在Runway中使用Text to Video功能，通过文本描述直接实现。

2.制作步骤

01 在Runway的主界面选择Text/Image to Video工具，如图6-2所示。切换到TEXT模式，如图6-3所示。

图6-2

图6-3

> **技巧提示** 因为想得到产品的宣传动图，所以需要与产品相关的摄影提示词。通常产品摄影的提示词可以使用下式。
>
> 产品摄影 + 主题 + 环境 + 角度 + 相机

02 根据公式，确定"产品摄影"的提示词。通常情况下，电商产品的摄影特点有两个，一个是"产品摄影"，一个是"商业拍摄"，即Product photography和Commercial shooting。

Product photography, Commercial shooting

03 设计主题。这里希望生成一张"一只运动鞋在展示台上旋转"的动图来全方位展示这件商品的细节，画面描述为"一双很酷的运动鞋，在画面中旋转，展示全方位的细节"，将描述翻译为英文。

A pair of cool sports shoes, rotating in the picture, showcasing all-round details

04 确认"环境+角度+相机"。注意，这三者并不需要同时出现，且顺序不重要，例如AI默认的角度就是画幅居中，所以本例不需要"角度"的提示词。根据前面的参考，可以考虑"相机"的提示词为"高分辨率摄影"，翻译为high resolution photography；对于"环境"的提示词，因为这里为比较简单的纯色背景，所以只需要简单描述色调和氛围即可，可以使用"亮蓝色背景"、"明亮的环境"和"简洁的背景"，翻译为Bright blue background、A bright environment和A concise background。将上述提示词合在一起，输入指令框，如图6-4所示。

Product photography, Commercial shooting,Bright blue background, a pair of cool sports shoes, rotating in the picture, showcasing all-round details, high resolution photography, A bright environment, A concise background

图6-4

技巧提示 在商业视频制作中,产品摄影和后期编辑的主要目标是强调商品的销售亮点。因此,对于与电子商务相关的动态图像生成,建议使用既定公式中的某些固定组合作为提示词,例如,"产品摄影"和"商业拍摄"能够使图像显得更具商业气质,"明亮的环境"和"简洁的背景"能更有效地凸显商品主体。至于主题,应根据具体需求输入相应的提示词。

05 单击Generate 4s按钮 Generate 4s,即可得到4秒的视频,如图6-5所示。如果对视频满意,可以在生成后的视频右上角单击Extend 4s按钮 Extend 4s,将视频时长延长为8秒。

06 对生成的视频可以继续进行编辑和修改。如果想让这只运动鞋旋转得快一些,可以单击General Motion按钮,然后设置参数为8,如图6-6所示。

图6-5

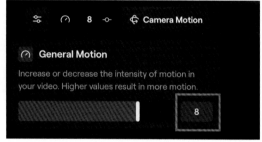

图6-6

技巧提示 在前面的内容中提到了General Motion可以控制动作的强度,默认值为5。数值越大,对象的动态变化越丰富。注意,设置的数值并非越高越好,读者应该根据具体情境进行分析。以"运动鞋旋转"的动态图为例,如果设置的数值过高,可能会导致视频中的运动鞋出现形变,甚至扭曲。因此,在实际运用General Motion时,需要根据预期效果,对数值进行适当的调整。

6.1.2 水花拍打饮料瓶效果

上一个案例使用了Text to Video模式,接下来使用Image to Video模式来制作"饮料瓶被水花拍打的效果",如图6-7所示。

图6-7

图6-7（续）

01 在Runway主界面选择Text/Image to Video工具，然后切换到IMAGE模式，将饮料素材图拖曳到图像上传区域，并单击Generate 4s按钮 Generate 4s ，如图6-8所示。

图6-8

02 视频生成完毕后，单击Extend 4s按钮 Extend 4s ，如图6-9所示。

图6-9

> **技巧提示** 在使用Image to Video模式进行电商动图的生成时，不需要输入提示词，因为AI会自动识别图像中的主体，并进行视频的生成。使用图像可以让视频内容变得更具体，也就是说如果已经有了某商品的图像，那么Image to Video模式毫无疑问是不错的选择。

6.2 自媒体视频制作

作为互联网发展的产物,自媒体正在悄然改变人们的生活方式。随着社交媒体平台和在线用户生产内容平台的崛起,这种影响愈发显著,普通人得以借此分享观点、经验和作品给观众。同时,自媒体时代涌现出诸多视频创作平台,如哔哩哔哩、抖音、优酷等。

以抖音为例,短视频制作需遵循5个步骤:主题确定、脚本撰写、拍摄执行、后期制作和上线投放。但如果使用AI工具来制作短视频,工作量会大幅度降低。接下来将运用ChatGPT、Stable Diffusion、Runway等AI工具制作自媒体视频。效果如图6-10所示。

图6-10

6.2.1 确定主题

每个视频都应传递清晰的信息，这些信息可以是具体的，如知识点、日常生活、过程描述或者技能演示；也可以是抽象的，如感受、情绪、状态或思考。各类视频均遵循这一原则，包括美妆、游戏、可爱宠物、知识科普、情感表达、搞笑、娱乐及健身等。

具体的主题通常围绕特定事物展开讨论，而抽象的主题则更注重对感受的描述，如情绪变化、感人瞬间和深刻体验等。尽管主题内容一致，但不同的表现方法将带给观众完全不同的观看体验。本例选择以健身为主题，标题定为"健身使我们成为更好的自己"，属于个人成长故事。

6.2.2 用ChatGPT撰写分镜脚本

选定主题后，接下来利用ChatGPT编写视频剧本。可以为ChatGPT提供一些基础信息或场景设定，它能够生成台词或场景描述，有助于加速创作流程并提供多元化的选择。同时，ChatGPT能够提供独特的创意和观点，帮助创作者在剧本创作过程中拓展思维。它能通过生成各种设定和场景，为创作者提供创作灵感，以及探讨和开发不同的故事线和角色弧。

笔者的想法是先确定视频的时长，然后构思基本的故事情节。构想如下。

写一个15秒的剧本，由5个3秒时长的视频组成，故事讲述的是一个男人在工作、社交、生活中逐渐发现健身的重要性，于是开始尝试健身，用多种方式健身，从而改变自己，变得更加自信。

英文翻译如下。

Please write a 15-second script, composed of five 3-seconds, the story is about a man in work, social, life gradually found the importance of fitness, so began to try fitness, with a variety of ways to fitness, thereby changing themselves and becoming more confident.

为了使得到的结果更加清晰，可以要求ChatGPT使用表格格式，内容包括"镜头数""场景描述""人物动作""对话"。英文翻译如下。

Use table format, including "number of shots", "scene description", "character action", "dialogue".

将两段英文合并在一起，在ChatGPT中输入，并按Enter键发送，如图6-11所示。ChatGPT的回复如图6-12所示。

Please write a 15-second script, composed of five 3-seconds, the story is about a man in work, social, life gradually found the importance of fitness, so began to try fitness, with a variety of ways to fitness, thereby changing themselves and becoming more confident. Use table format, including "number of shots", "scene description", "character action", "dialogue".

Number of Shots	Scene Description	Character Action	Dialogue
1	Living room, Mr. Murphy on the sofa, stressed	Mr. Murphy scrolls on his phone, looks distressed	(Sighs) Work's overwhelming.
2	Mr. Murphy's phone screen, live workout broadcast	Close-up of the phone displaying a fitness session	(Phone dialogue) Trainer: "Join me for a workout!"
3	Living room, Mr. Murphy intrigued by the workout	Mr. Murphy sits up, interested in the workout	(Excited) "Maybe this is what I need!"
4	Montage of Mr. Murphy trying various workouts	Mr. Murphy jogging, lifting weights, attempting yoga	(Inner monologue) "Time for a healthier lifestyle."
5	Mr. Murphy confidently using his phone at a party	Mr. Murphy engages confidently in conversations	Friend: "You look amazing! What's your secret?"

You
Please write a 15 second script, composed of five 3-seconds, the story is about a man in work, social, life gradually found the importance of fitness, so began to try fitness, with a variety of ways to fitness, thereby changing themselves and becoming more confident. Use table format, including "number of shots", "scene description", "character action", "dialogue".

图6-11 图6-12

ChatGPT将主人公定为Mr.Murphy，并给出了5个分镜的详细设计，如果对具体内容不够满意，可以反复进行多次提问。另外，这里之所以使用英文形式，是因为后续的提示词都要使用英文，一开始就使用英文进行提问便于后续操作。

6.2.3 用Stable Diffusion生成分镜图

完成详尽的分镜制作后，理论上已经可以在Runway平台生成视频了。然而在实际操作中发现，尽管输入的角色提示词保持不变，但Runway生成的主角并不能保持连贯性，这将对视频的逻辑连贯性造成破坏。因此，在正式生成视频前，需要先利用Stable Diffusion生成一系列主角一致的分镜图像，然后利用Runway进行视频制作。

1.分镜图1

01 打开Stable Diffusion，切换到"文生图"模式，下面生成第1个分镜。根据ChatGPT给出的第1个分镜的内容，在Stable Diffusion中输入提示词，如图6-13所示。

Mr.Murphy, a slightly fat man, was sitting on the couch in his living room, holding his cell phone and looking depressed, best quality.

图6-13

02 输入反向提示词可以剔除一些不合适的内容，如低质量、残缺、缺胳膊等，读者可以参考下列内容进行设置，如图6-14所示。重复出现的关键词在一定程度上可以起到提高权重的作用。

(worst quality:2), (low quality:2), (normal quality:2), lowres, normal quality, ((monochrome)), ((grayscale)), skin spots,acnes, skin blemishes, age spot, (ugly:1.331), (duplicate:1.331), (morbid:1.21), (mutilated:1.21), (tranny:1.331), mutated hands, (poorly drawn hands:1.5), blurry, (bad anatomy:1.21), (bad proportions:1.331), extra limbs, (disfigured:1.331), (missing arms:1.331), (extra legs:1.331), (fused fingers:1.61051), (too many fingers:1.61051), (unclear eyes:1.331), lowers, bad hands, missing fingers, extra digit, bad hands, missing fingers,(((extra arms and legs))),

图6-14

技巧提示 写提示词是AI绘画的第1步，这里提供了一个提示词的基本框架，读者可以根据框架快速地写出一串合适的提示词。另外，还可以控制提示词的权重，即通过"括号+数字"的形式来让某些词语更加突出。例如，反向提示词中的(worst quality:2)，含义是"调节'最差品质'的权重为原来的2倍"。当然，也可以通过套括号的方式控制提示词的权重，每套一层，权重额外×1.1，例如(((extra arms and legs)))的权重为原来的1.331倍。常用提示词如图6-15所示。

人物及主题特征	服饰穿搭	T-shirt、dress、pants
	发型发色	black hair
	五官特点	big eyes、oval face
	面部表情	Cry、smile、get angry
	肢体动作	Lie down、clap
场景特征	室内、室外	indoor、outdoor
	大场景	city、sea
	小细节	car、tree
环境光照	特定时段	morning、evening
	光环境	delight、dark
	天空	Dusk、blue sky
画幅视角	距离	distant、close
	人物	full body、upper body
	观察视角	look up、look down
	镜头类型	wide angle
画质提示词	通用高画质	best quality、masterpiece
画风提示词	插画风	illustration
	二次元	comic、game CG
	写实	realistic、photorealistic

图6-15

03 输入提示词后，进行尺寸的设置。抖音竖版视频的比例通常为9∶16，分辨率最好为1080×1920px，所以分别设置"宽度"和"高度"为1080px和1920px，如图6-16所示。如果后续发现生成图片的速度过慢，也可以设置为对应倍数，如540px和960px。

04 保持其他参数为默认状态，单击"生成"按钮，右下角的位置会出现一个进度条，如图6-17所示。等待1分钟左右，即可得到一张图片，如果对图片内容不满意，可以修改提示词或者重复生成来得到满意的效果。本例中生成图效果如图6-18所示。

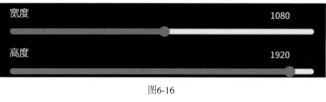

图6-16

图6-17

图6-18

技巧提示 Stable Diffusion支持一次性生成多张图片，如果觉得一次生成一张的效率太低，可以增加"总批次数"的数值。例如，增加到10，代表每单击一次"生成"按钮，就可以得到10张图片，如图6-19所示。

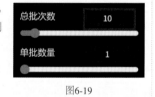

图6-19

2.分镜图2

根据ChatGPT的表格提示，读者可能认为应该输入的提示词如下。

Mr.Murphy, a slightly fat man, handheld mobile phone, the screen content is live fitness, the environment is in the living room.

但需要注意的是，第1个分镜和第2个分镜处于同一场景内，所以要保持主人公的穿着一致。在这里加入之前生成的图片中主人公的穿着，即Wearing an orange T-shirt, white shorts。选择"文生图"模式，输入提示词，保持和第1张图一样反向提示词，单击"生成"按钮，如图6-20所示。生成结果如图6-21所示。

Mr.Murphy, a slightly fat man, handheld mobile phone, the screen content is live fitness, the environment is in the living room, Wearing an orange T-shirt, white shorts, best quality.

图6-20

技巧提示 要在Stable Diffusion中生成人物一致的一系列图片，可以使用统一的角色名称。Stable Diffusion会自动记住生成的一些人物，例如这里提示词为a slightly fat man的Mr.Murphy，后续再生成该角色时，就可以持续使用Mr.Murphy这一角色名称。当然，这并不能百分之百保证每次生成的角色都和第1次的完全一致，但可以增加保持一致的可能性。

图6-21

3.分镜图3

第3个分镜想表现"主人公下定决心减肥"的状态，正向提示词如下。

墨菲先生，一个微胖的男人，穿着橙色的T恤，白色的短裤。照镜子，看着他的脸，神情坚定，手握拳，放在身前。

将其翻译为英文并设置权重。

(Mr.Murphy:2), a chubby man, wore an orange T-shirt and white shorts. Look in the mirror, look at his face, look firm, hands clenched in front of him.

01 将英文提示词输入指令框，保持反向提示词不变。得到的效果如图6-22所示。

02 可以发现，图的下方出现了问题。可以通过"图生图"模式中的"局部重绘"功能进行修正。切换到"图生图"模式，并切换到"局部重绘"功能区，然后上传有问题的图片，如图6-23所示。

03 上传图片后，使用"画笔"涂抹需要修改的部分，如图6-24所示。

图6-23

图6-22   图6-24

111

04 涂抹完毕后，设置"蒙版模式"为"重绘蒙版内容"，"蒙版区域内容处理"为"空白潜空间"，AI会根据图片中的环境自动生成符合环境的内容；继续设置"迭代步数"为30(控制在20~35之间即可)，"采样方法"保持不变，如图6-25所示。注意，"宽度"和"高度"需要和之前保持一致，否则尺寸会发生变化，系统默认为512和512，这里需要分别调整为1080和1920，如图6-26所示。

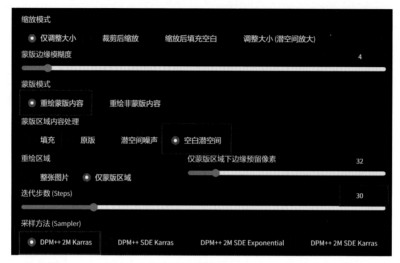

图6-25

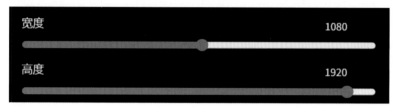

图6-26

05 设置完毕后，单击"生成"按钮，AI生成了一些镜子前可能会出现的物品，较好地修正了之前的错误内容，如图6-27所示。

图6-27

技巧提示 Stable Diffusion会将所有生成的图片保存在outputs文件夹中，其中包含文生图、图生图等各种模式下生成的图，如图6-28所示。如果读者没有单独下载图片，可以直接在文件夹中找到之前生成的图片，并且图片的名称是当时生成图片时输入的提示词，十分方便。

名称	修改日期	类型	大小
modules	2023/11/21 20:15	文件夹	
outputs	2023/11/25 10:58	文件夹	
python	2023/11/21 20:18	文件夹	
repositories	2023/11/21 20:18	文件夹	

名称	修改日期	类型	大小
extras-images	2023/11/25 10:58	文件夹	
img2img-grids	2023/11/25 20:15	文件夹	
img2img-images	2023/11/26 12:55	文件夹	
txt2img-grids	2023/11/25 20:15	文件夹	
txt2img-images	2023/11/25 20:17	文件夹	

图6-28

4.剩余分镜图

后面的分镜图依旧按照前面的步骤进行生成，接下来的剧情是"主人公奋发图强，开始不断地锻炼"，具体过程就不赘述了，效果参考如图6-29所示。

图6-29

技巧提示 可以通过更改"服装""运动项目""环境"等提示词，来表现主人公在日复一日坚持运动。当然，直接使用 Stable Diffusion的批量生成功能也可以达到同样的效果。

6.2.4 用Runway生成视频片段

这一步的操作就比较简单了，因此仅简要演示。

在Runway主界面选择Text/Image to Video工具，然后切换到IMAGE模式，将第1个分镜图拖曳到图片上传区域，单击Generate 4s按钮，如图6-30所示。生成的视频如图6-31所示。

图6-30

> **技巧提示** 视频加载完毕后如果对效果满意，可以单击Extend 4s
> 按钮，对视频时长进行延长。在调整满意即可导出视频，然后用
> 同样的方法，对其他分镜图进行视频生成。

图6-31

6.2.5 剪映后期剪辑

剪辑视频的软件有Premiere、秒剪、必剪等，笔者选择剪映来完成后期剪辑。虽然生成的视频有4秒或8秒，但场景变化比较大，在剪辑时可以大胆裁剪，例如一个片段剪辑后的长度一般是0.5~2秒，加速1.5~3倍。

打开剪映，上传生成的视频片段，如图6-32所示。通过调整时间轨道上的素材拼凑成完整的故事，如图6-33所示。可以对视频进行倍速改变、画面缩放等操作，如图6-34所示。

> **技巧提示** 剪辑工作的主观性比较大，所以就不具体演示了。如果
> 读者想知道详细的操作过程，可以观看教学视频。建议读者根据自
> 己的需求大胆地去进行剪辑。

图6-32

图6-33

图6-34

6.2.6 用剪映添加音乐/字幕

接下来为剪辑好的视频添加背景音乐和字幕，这里同样使用剪映来进行操作。

01 选择左边的"音频"，根据主题类型选择VLOG，如图6-35所示。
在下方提供的音乐中选择合适的背景音乐，单击其"添加"按钮 ，
将音频添加到视频剪辑窗口中，如图6-36和图6-37所示。

图6-35

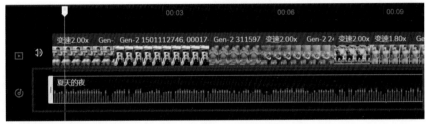

图6-36

图6-37

02 生成字幕。选择"文本"，如图6-38所示。选择文本样式，并输入文本。读者可以自行设置"字体"、"颜色"、文本大小和位置等参数。根据故事情节，在第1幕中添加主人公的心理活动，如图6-39所示。对于后续字幕，读者可以采用同样的方法继续操作。

图6-38

图6-39

至此，使用AI工具制作自媒体视频的流程和方法已介绍完毕，建议读者大胆尝试，不必拘泥成例。如果读者的操作比较生疏，可以观看教学视频，了解详细的操作过程。一切处理好后，单击剪映中的"导出"按钮 ，即可导出视频。

6.3 微电影制作

　　AI视频制作工具的诞生让每个人都有可能成为电影导演。大家只需将剧本输入工具中，就能得到一部令自己满意的电影，这很大程度上降低了电影制作的难度和门槛。虽然目前AI产出的视频质量还有提升的空间，但对于兴趣爱好者和灵感展示者等个人用户来说，已经足够了。接下来将介绍如何使用AI工具制作一部微电影。效果如图6-40所示。

a lush cradle of life in the vast cosmos
浩瀚宇宙中繁茂的生命摇篮

This is the dawn of our greatest Odyssey
这是我们最伟大的奥德赛的黎明

图6-40

> **技巧提示** 笔者并非影视行业专业人士，缺乏电影制作经验，以下制作流程基于个人理解，并非标准的电影制作流程。不过，在笔者看来，这恰恰说明使用AI工具制作微电影更有趣味性和普及性。

6.3.1 用ChatGPT准备剧本

　　笔者希望创作一个关于太空的科幻微电影。如果不知道剧情故事应该怎么写，可以向ChatGPT阐述自己的需求，让ChatGPT来帮助创作。向ChatGPT提出需求，如图6-41所示。

　　写一个1~2分钟的关于太空空间站遇到不明生物袭击的科幻恐怖的微电影剧本

图6-41

可以看到ChatGPT为剧本划分了不同的场景，所以需要将每一个场景分别生成出来再拼接。注意，ChatGPT生成的场景都描绘了不止一个画面，直接生成的效果并不理想，因此需要将场景进一步拆分成几个镜头。以场景1为例。

> 安静的太空站内，工作人员JIM在控制台前监控数据。突然，一串异常信号打破了寂静。

可以将内容大致分为两个部分。

第1个： 工作人员在控制台前监控数据。

第2个： 一串异常信号打破了寂静。

在实际制作时，往往会出于各种原因对ChatGPT提供的剧本进行调整。本例对7个场景的内容稍作修改。

> **技巧提示** 描述提示词时还需要进行修饰，并删减一些非必要的词。例如，场景1中有"一串异常信号打破了寂静"这样较为抽象的描述，需要将其转化为具象的场景。
>
> 在准备剧本时，不用过早将剧本细节确定下来，尤其是对于没有经验的新手来说。因为存在缺乏经验及视频生成技术不完美等客观问题，很难生成与所期待的一模一样的画面，所以有时候需要对提示词再次进行修改。

6.3.2 用ChatGPT/Midjourney/Runway制作故事板

大概准备好剧本后，笔者建议先不要急着去生成视频画面，而是先制作一个故事板。一个好的故事板能够帮助创作者清晰快速地掌握整个剧本，确定每一个场景的画面，这样就不会浪费太多时间在那些可以舍弃的镜头画面上。故事板的制作只需要生成一些图片，当然，视频片段也是可以的。接下来将使用ChatGPT、Midjourney和Runway来制作故事板。

1.场景1

可以先将这一场景拆分为"工作人员JIM在控制台前监控数据"和"一串异常信号打破了寂静"，之后便可在此基础上按照顺序发挥自己的想象进行创作。

在视频制作之前，有一个步骤尤为重要，即确定影片中的关键角色。虽然不必立即敲定所有人物，但至少应确保剧本中提到的航天员JIM和神秘生物的形象设计得到确定。保持人物设定的一致性是确保剧情流畅和易于观众理解的基础，否则可能会使观众感到困惑不解。

由于ChatGPT的技术特性，此时需要细化人物设定，可以发挥想象力进行角色创作。在此，笔者将对航天员JIM进行简要塑造，如图6-42所示。

JIM是一个穿着蓝色航天服、戴着金属头盔的男人。添加风格提示词"电影般的""未来主义的""深青色""白色"，比例为16：9。

01 将提示词翻译后输入Midjourney，经过筛选，选定一张JIM的人物造型图，如图6-42所示。

图6-42

02 验证是否能够生成JIM其他姿势的照片。获取上一张图的Seed值，并用其生成几张图片，效果如图6-43所示。

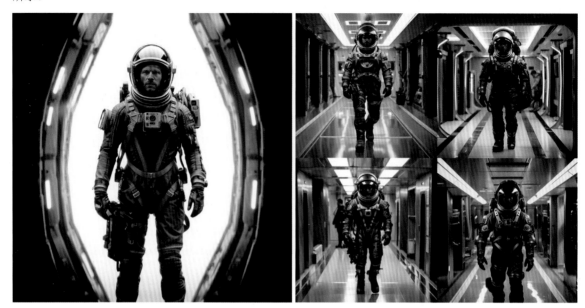

图6-43

03 可以看到，后续生成的图片除了在服装上有略微差别外，基本都保留了JIM的脸部特征。继续对不明生物进行描述，可以将剧本中的相关内容提供给ChatGPT，并对ChatGPT生成的描述进行润色，翻译后输入Midjourney，得到外星生物的角色形象，如图6-44所示。

　　一只强壮且凶猛的外星生物，它的体型庞大，线条流畅却又透着诡异的气息。皮肤是一种未知的有机装甲，它既坚硬又有光泽。它的四肢肌肉线条清晰可见，结构复杂，骨骼外露，颚部强大，里面排列着锋利如刀的牙齿，它的眼睛大而突出，仿佛两个燃烧的火球。

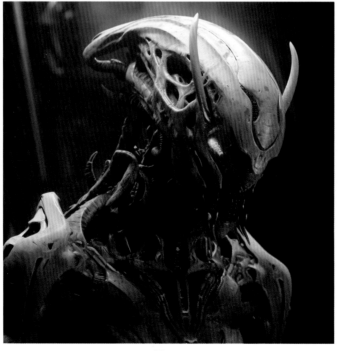

图6-44

04 生成场景。为营造神秘的气氛，笔者选择以航天员的背影作为开场。结合剧本，将提示词描述为："一名穿着蓝色航天服的航天员，坐在宇宙飞船的控制台前。背后视角。"Runway生成的视频预览效果如图6-45所示。

An astronaut wearing a blue spacesuit sits in front of the console of the spacecraft. Perspective from behind.

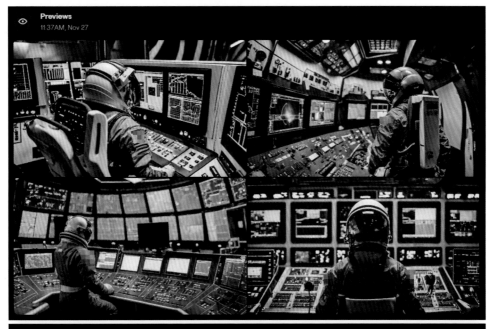

图6-45   选择此图

05 在这之后可以接续同一视角下镜头拉近的画面，只需要在原来的基础上使用"相机运动"中的Zoom来放大画面，将主体元素拉近。保存两段视频到本地备用，注意区分并命名，命名格式参考如图6-46所示。

> **技巧提示** 在生成视频后并非必须完整使用每一段的全部4秒内容，只要视频中存在值得保留的部分，即可将其保存，以便在后期剪辑过程中使用这些有用的片段。如果某些视频片段在起始几秒内显示正常，但随后出现畸变，可采取相同的处理方法。

图6-46

119

06 设计第2个镜头。笔者希望能够再次将镜头拉近，给控制台监测仪一个特写，体现监测仪监测到异常。注意，镜头与镜头之间要保证风格的统一。现在AI还很难仅凭一张图就持续生成有逻辑的连续画面，所以能看到很多AI生成视频都有较多的画面跳切。为了保证镜头的拼接不会突兀，监测仪应该与上一个镜头风格相似，即至少颜色统一、画风一致。此时，有两个思路。

思路一： 直接在Runway输入提示词，然后根据预览效果生成视频。

思路二： 在Stable Diffusion或Midjourney等AI绘图工具中根据提示词生成图片，然后放入Runway进行视频生成。

先尝试思路一，将监测仪提示词描述为"白色的宇宙飞船雷达监测控制台，特写"，效果如图6-47所示。
White spacecraft radar monitoring console, close up

图6-47

07 可以看到即使提交了特写镜头的需求，Runway生成的预览图中依然出现中远景。这时需要通过"相机运动"去操控视角，拉近监测仪，不过改变机位后会产生一定畸变，效果并不好。因此，推荐先在Midjourney中生成一张监测仪的图片，然后把它上传到Runway中生成视频（接下来的场景生成也会先由Midjourney生成图片）。为了体现系统监测到有不明物体靠近并发出警报，这里的监测仪风格为"红色警报"。效果如图6-48所示。

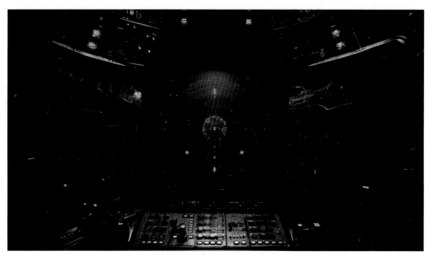

图6-48

2.场景2

在场景1中介绍了故事板的制作思路和方法，接下来继续根据ChatGPT提供的剧本内容制作故事板即可。

这里使用ChatGPT调用DALL·E生成镜头画面，效果如图6-49和图6-50所示。

JIM 紧张地注视着屏幕，显示屏上出现了一个模糊的影像，似乎是生物轮廓。

图6-49

飞船的监控显示屏上出现了一个模糊的影像，似乎是生物轮廓，16∶9。

图6-50

技巧提示 第5章提到，ChatGPT已经具备通过DALL·E生成图像的能力，并且所产生的图像质量较高。在实际应用过程中，笔者注意到ChatGPT对提示词的解读越来越精确，生成的图像也越来越贴近提示词的描述。值得注意的是，在细节控制方面ChatGPT仍不及Midjourney。因此，在ChatGPT和Midjourney的协作中，除了利用ChatGPT为Midjourney提供提示词，还可以利用ChatGPT先生成一张意向图，然后在Midjourney中进行进一步的细节调整。

3.场景3

继续对场景3的镜头进行描述，这个场景主要表现主人公去查看状况的过程，如图6-51和图6-52所示。

走廊的灯光忽明忽暗，JIM 沿着走廊慢慢前进，寻找信号源。气氛紧张。

图6-51

图6-52

4.场景4

　　继续对场景4的镜头进行描述，这个场景主要表现主人公看到外星生命的过程，如图6-53~图6-55所示。
JIM 打开货舱门。

图6-53

黑暗中，一双发光的眼睛突然出现。

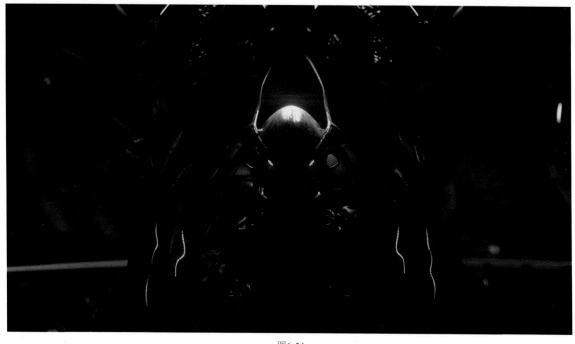

图6-54

他倒吸一口气，后退几步。

图6-55

5.场景5

继续对场景5进行描述，这个场景主要表现主人公逃跑的过程，如图6-56所示。

JIM 冲回控制室。

图6-56

6.场景6

继续对场景6进行描述，这个场景主要表现主人公求助战友的过程，如图6-57~图6-59所示。

JIM 按下按钮传送警告信息给其他战友。

图6-57

图6-58

图6-59

7.场景7

继续对场景7进行描述，先描绘出宇宙飞船在太空中的画面，如图6-60所示。然后对这个画面进行处理，得到想要的效果，如图6-61和图6-62所示。

图6-60

JIM 的宇宙飞船自爆。

图6-61

战友们望向自爆的 JIM 的飞船。

图6-62

技巧提示 这里要表现宇宙飞船从完整到爆炸的过程,如果直接使用Midjourney生成,那么很难让背景和飞船的位置都保持一致,这就不符合画面的连续性原则。这个时候可以使用Midjourney的局部重绘功能来进行调整,即Vary(Region)工具。

(1)生成图片后,单击Vary(Region)按钮 ✏ Vary (Region) ,如图6-63所示。

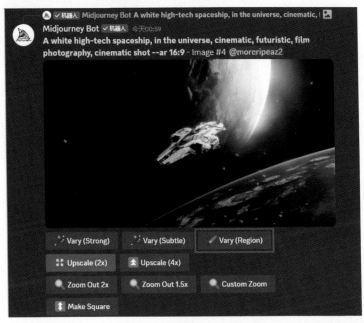

图6-63

(2)进入编辑面板,在左下角选择"矩形选区工具" 或"套索选区工具" ,选择想进行重绘的区域,然后输入描述期望内容的提示词,提交便可进行重绘,如图6-64所示。等待一会儿就可以得到重绘后的图片,可以看到只有框选的部位进行了重绘,其他部分完全没有变化,这就帮助我们保持了画面的一致性,如图6-65所示。

图6-64

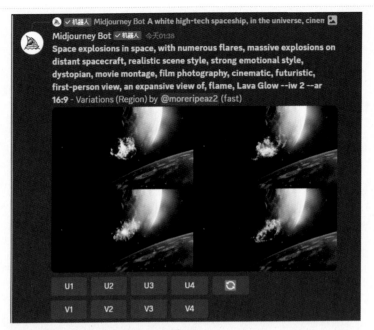

图6-65

同理，对于"战友们望向自爆的JIM的飞船"的画面，也是通过局部重绘得到的，即对图6-61右侧区域进行重绘，绘制内容为"有人观看"，如图6-66所示。

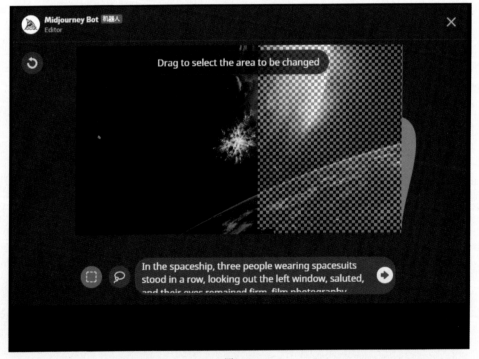

图6-66

注意，本章的重点是思路和流程，目的是便于读者掌握AI视频制作的思路和方法，而并非让读者牢记所谓的"提示词怎么写"。提示词的书写是一个积累的过程，只要多查、多看、多练、多尝试便可掌握，甚至直接套用公开的提示词也是可行的。

6.3.3 用Runway生成视频

故事板制作完成后，接下来便是逐部分制作视频。启动视频编辑软件，本节以CapCut为例，读者可以根据习惯选择视频编辑软件。将故事板中的图片导入CapCut，按照顺序排列至时间轴上，如图6-67所示。这有助于复查并理顺整个故事脉络。

图6-67

接下来，将继续以Runway为例进行演示。前面已经介绍了生成视频的方法，即"视频到视频""文本到视频"和"图像到视频"。显然，"视频到视频"的方法并不可行，因为寻找与剧本内容相匹配的视频素材困难重重，很难达到完全吻合的程度，所以建议结合使用"文本到视频"和"图像到视频"这两种方法，以达到更佳的效果。在此过程中主要使用Runway的Gen-2模型进行生成。

视频的生成过程相对简单，只需将之前创建的故事板图像导入Runway中，然后根据需求进行相应的调整即可。这里以场景7中第1幕"JIM的飞船在宇宙中的远景"为例，主要介绍该画面会用到的Motion Brush（运动笔刷）功能。

01 选择Runway的Text/Image to Video工具，然后切换到IMAGE模式，将图片拖曳到上传区域，单击Motion Brush按钮，如图6-68所示。

图6-68

02 涂抹希望发生变化的区域，此处与前面提到的Midjourney的Vary(Region)功能类似，涂抹后可以选择运动方向和形式，如水平、垂直、缩放等。笔者希望宇宙飞船能够前进，也就是向画面左下角缓慢飞行，所以设置

Horizontal为-0.5，Vertical为-0.5，单击Save按钮，如图6-69所示。生成的视频中飞船就会在涂抹的区域按设定向左下角缓慢飞行，如图6-70所示。

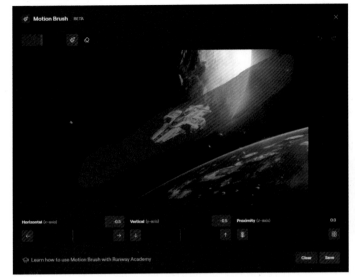

图6-69

图6-70

03 对其他的视频画面也进行类似的操作，根据剧情为每一个画面都生成一段数秒的视频，然后保存到文件夹中，最后按顺序将这些视频片段导入CapCut，如图6-71所示。

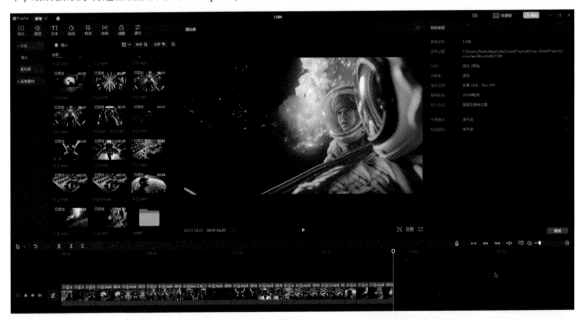

图6-71

04 先进行一次粗剪，将各片段中发生错误或变形的部分剪掉，并且检查剧情是否流畅，然后在不够流畅、自然的片段连接处用文字标注需要补充的镜头，如图6-72所示。

图6-72

6.3.4 片头/正片/片尾细节补充

接下来根据粗剪的情况补充缺乏的镜头。将按片头、正片和片尾的顺序进行介绍。

1.片头

视频开头部分，笔者认为直接以航天员开始有些突兀，所以希望加入片头和旁白，同时完善故事背景。

01 将故事背景设定为"地球因为某些原因不再适合居住，人类踏上了寻找下一个家园的旅程"，将这个设定交给
ChatGPT生成一段片头的旁白，具体对话如图6-73所示（图中的回答和下列英文由ChatGPT生成、浏览器自动翻译，无法保证用词、语法等完全正确，以下同。且部分内容会有不同，请读者以自己的页面为准）。

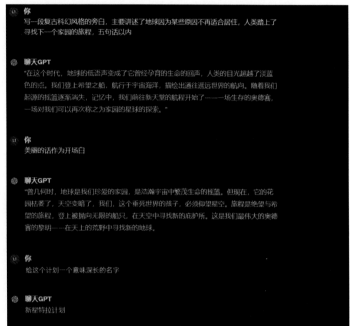

Once upon a time, Earth was our cherished home, a lush cradle of life in the vast cosmos. But now, its gardens wither, its skies darken, and we, the children of a dying world, must look to the stars. Our journey is one of desperation and hope, aboard vessels cast into the infinite, seeking a new sanctuary among the heavens. This is the dawn of our greatest Odyssey—to find a new Earth amongst the celestial wilderness. Project Nova Terra

图6-73

02 笔者希望这一段旁白由AI工具念出。推荐使用ElevenLabs，这是一款强大的在线AI语音生成工具。打开
ElevenLabs（界面内容由浏览器自动翻译为中文），选择"文字转语音"功能，如图6-74所示。

03 将旁白内容复制到ElevenLabs的文本框中，如图6-75所示。

图6-74

图6-75

04 选择语音。ElevenLabs提供多种不同国籍、语气、语调和场景的语音选项，本例选择噪音比较浑厚的"亚当"，如图6-76所示。

图6-76

05 在"语音设置"处设置"稳定""清晰度+相似度增强""风格夸张""扬声器增强"等参数，如图6-77所示。

图6-77

06 选择模型。这里提供了ElevenLabs的多个语言模型，本例选择英语，如图6-78所示。单击"产生"按钮即可生成音频，确认无误后将其下载并保存到本地。

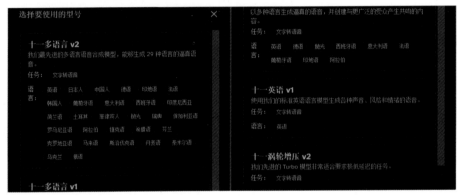

图6-78

07 将音频导入CapCut。为了使这段旁白更具风格色彩，突出复古科幻的感觉，可以使用CapCut中自带的"声音效果"。在前面的部分使用带有沙沙声噪点的"黑胶"，如图6-79所示。另外，建议在最后引出本片的名字——Project Nova Terra时使用"回音"。

08 准备片头的画面。让ChatGPT为片头生成一些镜头描述，并用Midjourney生成图片、Runway生成视频片段，如图6-80和图6-81所示。因为前面已经介绍过相关操作方法，这里就不再演示了。

图6-79

聊天GPT

1. **开场镜头**：从太空拍摄的地球全景，地球表面显示出明显的环境衰退迹象——贫瘠的土地、干涸的海洋和旋转的尘埃云。

2. **过渡场景**：蒙太奇画面中，植被茂盛的废弃城市、寂静的工厂和荒凉的街道，将曾经充满活力的生活与现在的荒凉并置。

3. **人为因素**：在熙熙攘攘的太空港内，家庭和个人，人性的挂牵，登上巨大的星际方舟，眼中充满焦虑和希望。

4. **航程开始**：巨大的方舟开始启动，引擎发出耀眼的光芒，它们慢慢地从地球表面升起，在逐渐变暗的天空中留下一道道火痕。

5. **飞向宇宙**：方舟舰队遨游于浩瀚星空，在浩瀚的太空中显得相形见绌，以星系、星云和无限远方为背景，标志着人类最伟大旅程的开始。

图6-80

图6-81

2.正片

正片部分的剪辑与片头的剪辑思路一致，即裁剪掉出现问题的画面，在缺少内容、连接不通顺处补充画面。在剪辑时需要留意，对于画面质量不佳的片段，可以使用前面提到的Topaz Video AI来提升画质，如图6-82所示。

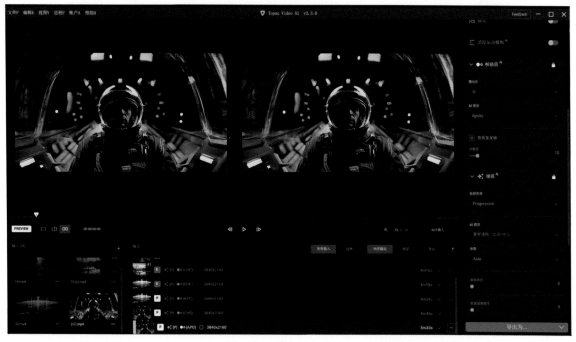

图6-82

正片的背景音乐非常重要，它会为整部影片奠定情感基调。当然，音乐并不需要充满整个影片，适当的留白有时会更让人印象深刻。我们可以在素材网站搜索音乐，也可以写一首专属乐曲。下面介绍两个笔者觉得不错的AI音乐生成平台，分别是AIVA和Stable Audio。

AIVA

为方便理解，平台上的文字均由浏览器自动翻译，可能有部分内容不够准确。

01 单击"创建曲目"按钮 [创建曲目] ，如图6-83所示，可以选择4种创建方式。

图6-83

02 这里通过选择"风格"中"样式库"里的音乐样式来进行创建，如图6-84所示。

03 选择一个风格后，在弹出的对话框中可以设置生成音乐的调号、时长和数量，如图6-85~图6-87所示。

图6-84

图6-85

图6-86

图6-87

04 还可以通过调整和弦的方式创建，具体操作方法见教学视频，如图6-88和图6-89所示。

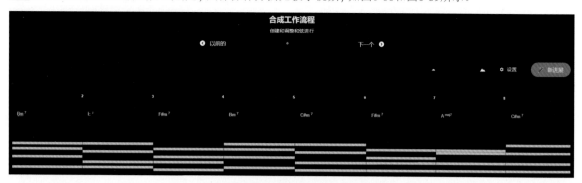

图6-88

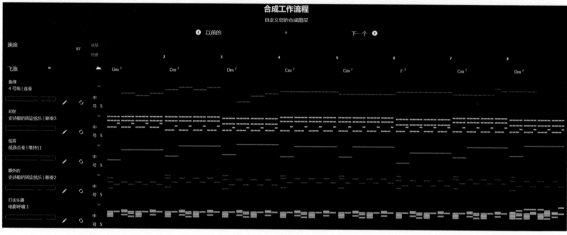

图6-89

Stable Video

AIVA主要通过调整调号、和弦等方式生成音乐，但是这要求用户有一定的乐理基础。如果读者使用AIVA时比较吃力，又想对生成的音乐有一定控制权，那么可以使用Stable Video，生成方式为较为熟悉的提示词生成。界面同样由浏览器自动翻译，可能有部分翻译不准确。

01 单击左下角的"生成音乐"按钮 生成音乐 ，如图6-90所示。

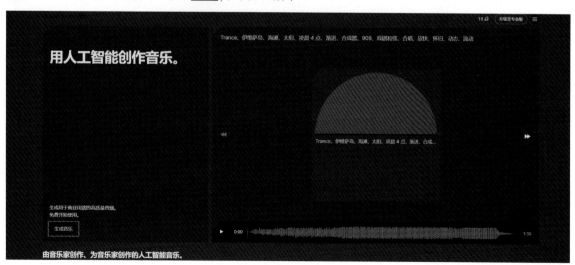

图6-90

02 输入提示词。提示词不仅要有歌曲风格，还要有节拍、使用的乐器等内容，这样生成的音乐才能更符合需求，如图6-91所示。

图6-91

03 在提示词库中选择曲风，如图6-92所示。继续选择"持续时间"，控制音乐时长，如图6-93所示。另外，还可以调整提示词强度等其他参数，如图6-94所示。

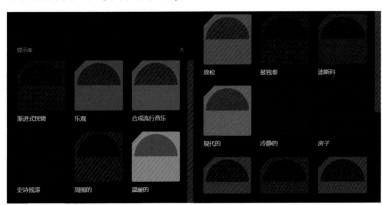

图6-92

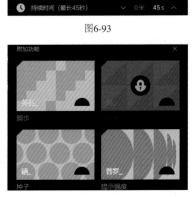

图6-93

图6-94

3.片尾

将音乐与画面片段进行对应后，整个视频的制作也就基本完成，接下来需要以一句升华主题的句子作为结尾，如图6-95所示。

未知不仅是恐惧的源泉，也是勇气的试金石。

图6-95

技巧提示 至此，整个微电影的制作已经全部完成，读者可以将视频导出保存。本例的介绍重点放在了思路分析和制作流程上，对于具体的AI工具，相信读者可以根据需求并结合前面学习的方法掌握操作。如果有不熟练的地方，读者可以观看教学视频进行学习。

6.4 MV制作

　　MV，即音乐录像带，是一种用动态画面配合歌曲演唱的艺术形式。此类作品结合影像与旋律，利用画面、情节、舞蹈等来传递音乐的情感、主题或叙事内容。音乐本身是一种具有多样性的艺术表现形式，它依据不同的特点和组成元素被划分为各种类别，如古典音乐、流行音乐、摇滚音乐、爵士音乐、电子音乐、嘻哈音乐和民谣等。每个音乐流派都有独特的风格和表现手法，为听众带来差异化的体验，并满足不同听众群体的审美需求。

　　使用AI工具制作MV是一种创新方法，重点在于令AI生成的MV与音乐的风格、主题和情绪保持协调一致，以确保视觉内容与音乐的和谐统一，从而让观者获得视听享受。如果MV包含叙事元素，还需保证故事线的连贯性和合理性，确保叙事内容与音乐主题相辅相成，以增强作品的整体表现力。目前市面上有很多AI工具制作的MV，例如反响较好的MV《风华》。

　　本例将以《水调歌头》（明月几时有）作为歌词，演示如何用AI工具制作MV，效果如图6-96所示。

图6-96

6.4.1 用ChatGPT由歌词生成描述

在开始之前需要对歌词整体意境有一个理解，以获得用于图片或视频生成的提示词，这里使用ChatGPT来帮助完成这一工作。

01 打开ChatGPT，输入要求，具体内容和格式如下。

我需要用一首歌生成 N 张图，请帮我根据歌词的意思进行图片描述，生成我需要的图片描述，并把描述翻译成英文，你回复的格式如下。

图片 N，

中文描述，

英文描述

02 将歌名和歌词输入在要求后，如图6-97所示。等待几秒后，ChatGPT提供了对5张图片的描述，如图6-98所示。笔者认为这些图片描述作为提示词过于抽象，接下来需要进一步优化描述以得到提示词。

图6-97

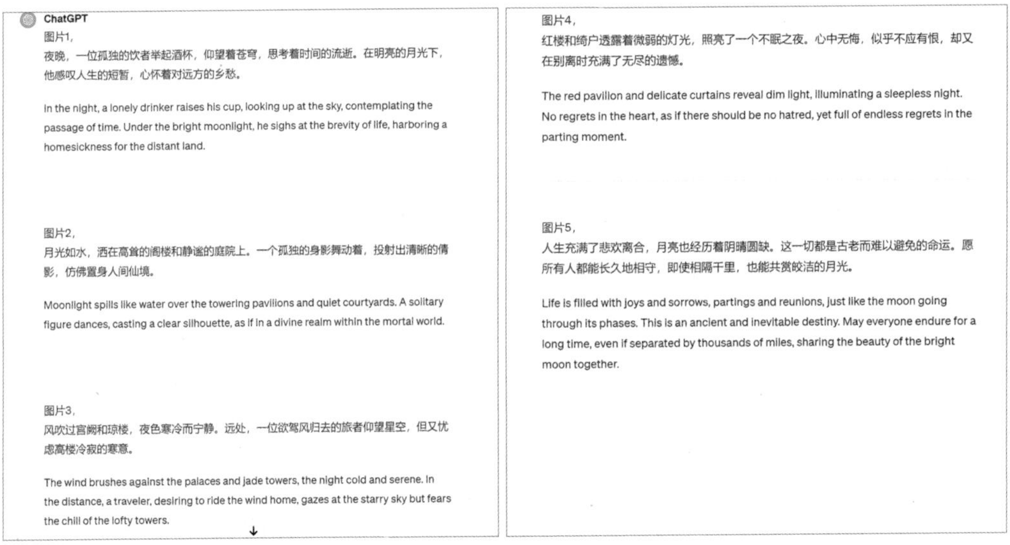

图6-98

6.4.2 用PromptPerfect优化提示词

接下来使用PromptPerfect优化图片描述，使其成为可用的提示词。

01 打开PromptPerfect官网，在"原始提示词"文本框内输入要修改的提示词。可以粘贴ChatGPT提供的第1段描述内容，并按Enter键或单击"发送"按钮 ➤，如图6-99所示。等待一会，即可得到优化后的提示词，可以将其复制出来并保存，以备使用，如图6-100所示。

原始提示词

In the night, a lonely drinker raises his cup, looking up at the sky, contemplating the passage of time. Under the bright moonlight, he sighs at the brevity of life, harboring a homesickness for the distant land.

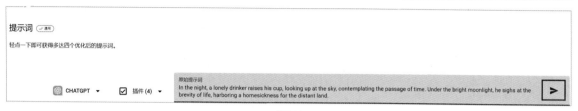

图6-99

优化后的提示词

Write a poetic description of a solitary individual raising a cup under the night sky, reflecting on the passage of time and expressing a longing for a faraway place. Your description should capture the emotions of solitude, contemplation, and nostalgia, evoking a sense of longing and wistfulness. Use vivid imagery and expressive language to convey the scene and the drinker's emotional state, painting a rich and evocative picture of the moment.

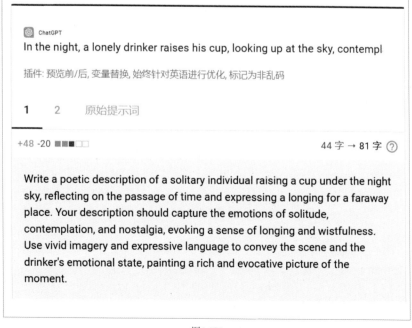

图6-100

02 按照同样的方法，对剩下4幅图片的描述进行优化，并保存。因为生成的结果并不唯一，所以这里仅截图展示部分结果，如图6-101所示。

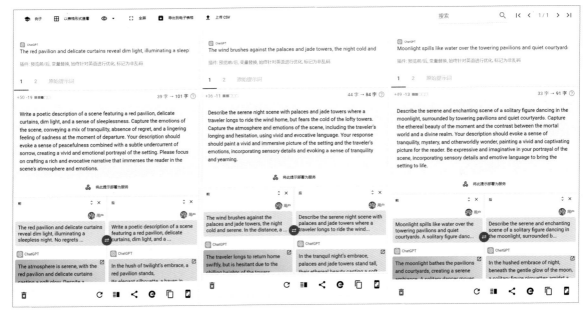

图6-101

6.4.3 用Midjourney生成图像

笔者想呈现的效果是"镜头随着音乐逐渐拉远，画面视野不停地扩大，一镜到底，直至音乐结束"，需要使用Midjourney的Zoom Out（拉远）功能来扩图。

01 打开Midjourney，输入并选择/imagine，如图6-102所示。

图6-102

02 输入第1张图片被优化后的提示词，并按Enter键，如图6-103所示。

Write a poetic description of a solitary individual raising a cup under the night sky, reflecting on the passage of time and expressing a longing for a faraway place. Your description should capture the emotions of solitude, contemplation, and nostalgia, evoking a sense of longing and wistfulness. Use vivid imagery and expressive language to convey the scene and the drinker's emotional state, painting a rich and evocative picture of the moment.

图6-103

03 Midjourney会根据提示词自动生成4张图片。对比后，认为图1的效果更符合歌词的意境，于是选择图1作为视频的第1帧画面，单击U1按钮 `U1`，放大图1，如图6-104所示。

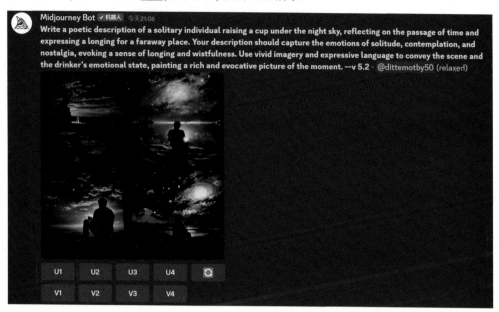

图6-104

技巧提示 Midjourney生成图片后，会有U1~U4、V1~V4功能按钮。其中，1~4为图片编号，分别代表左上、右上、左下、右下4个位置；U表示Upscale，即对这张图片进行放大和填充更多细节；V表示Variation，即对这张图片进行微调，并以它为依据再生成一组图片。

04 因为要制作镜头不断拉远的MV效果，所以需要将图片中的视野扩大，单击Zoom Out 2x（拉远2倍）按钮 `Zoom Out 2x`，即可扩充图片内容，如图6-105所示。

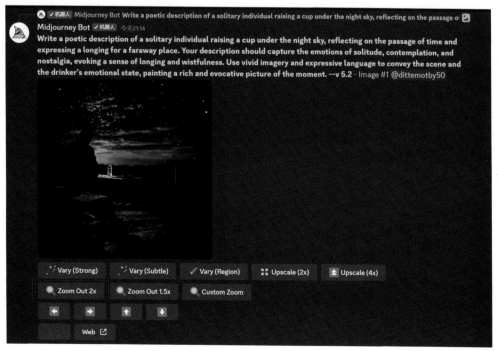

图6-105

05 从拉远后的4张图片中选择一张，重复前面的操作，如图6-106所示。

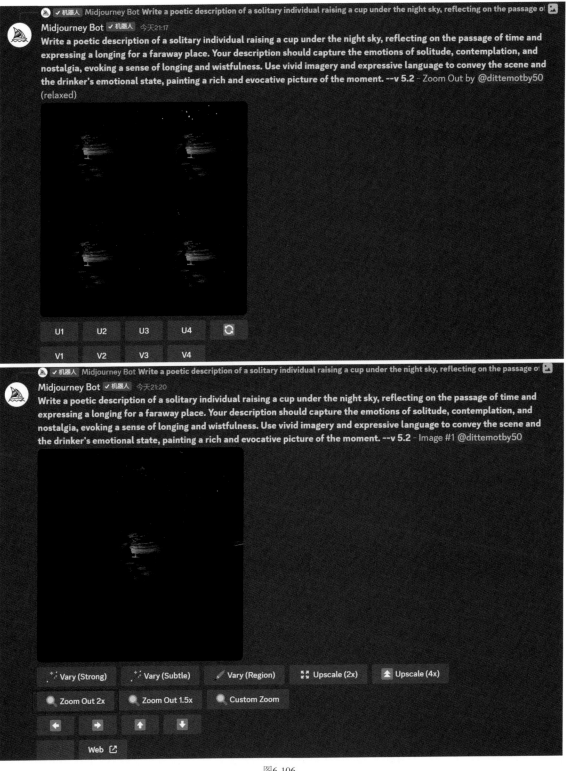

图6-106

技巧提示 在操作中途需要单击生成的单张图片进行保存，建议保留3~4轮拉远结果，能体现一镜到底的缩放过程即可。

06 在Midjourney中输入第2张图片优化后的提示词,让故事继续。不建议直接使用第1张图片的方法,而最好是单击当前选择图片的Custom Zoom(自定义缩放)按钮,如图6-107所示。

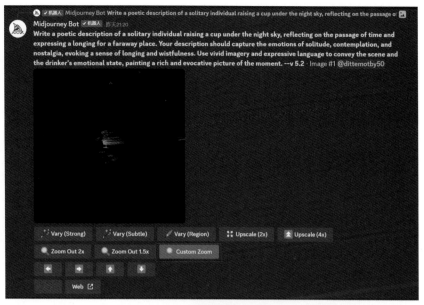

图6-107

07 在弹出的Zoom Out对话框中输入第2张图片的提示词,并单击"提交"按钮，如图6-108所示。

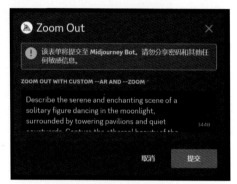

图6-108

08 同样,从生成的4张图中选择出最符合要求的一张,然后按照前面的方法单击Zoom Out 2x按钮，继续生成拉远后的图片,如图6-109所示。

技巧提示 依此类推,生成满意的图片和扩大后的图片后,提交新的提示词,直至将5组提示词对应的图片均生成完毕。

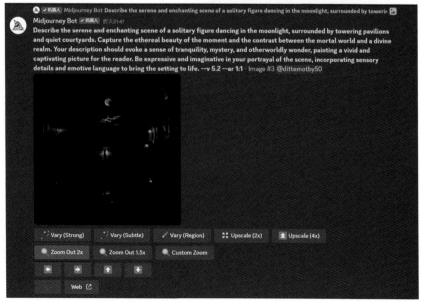

图6-109

143

6.4.4 用剪映完成后期处理

接下来使用剪映进行"一镜到底"的效果剪辑。

01 进入剪映，上传生成的图片，在图片的开头和结尾处分别添加关键帧，如图6-110所示。

02 选择基础属性，因为想得到逐渐拉远的镜头，所以在开头的关键帧处设置"缩放"为200%，在结尾的关键帧处设置"缩放"为100%，从而达到视野扩大2倍的目的，如图6-111和图6-112所示。

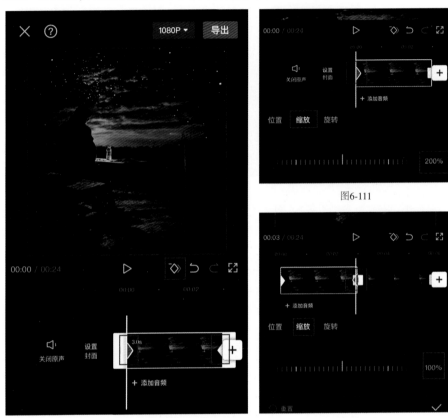

图6-110

图6-111

图6-112

> **技巧提示** 用同样的方法对剩下的图片进行处理，即分别在开头和结尾处添加关键帧，并设置"缩放"参数。

6.4.5 用剪映添加音乐/字幕

01 选择"添加音频"，如图6-113所示。然后选择"音乐"，添加相应歌曲，如图6-114所示。

图6-113

图6-114

02 剪映支持直接从音乐中识别歌词，因此选择"识别歌词"，点击"开始匹配"按钮 ，剪映就会自动根据歌词生成对应的字幕，如图6-115和图6-116所示。

图6-115 图6-116

03 字幕生成后，如果对字体的大小、颜色不满意，可以全选字幕，然后选择"编辑样式"进行调整。如果想为字幕添加动画效果，可以选择"动画"，然后选择喜欢的效果即可，本例选择的是"波浪弹入"效果，如图6-117和图6-118所示。

图6-117 图6-118

04 设置成功后结果如图6-119所示。如果认可MV的内容，直接点击右上角的"导出"按钮 ，即可导出视频。

图6-119

技巧提示 尽管有的创作者宣称MV"均由AI创作"，但要使AI创作出与歌词内涵相契合且能触动人心的MV作品，不可或缺的是创作者对歌曲背景和歌词意义的深度理解，以及对词句营造的氛围与场景的创意构想。如果仅将歌词作为输入信息提供给AI工具，这样的描述是远远不够的。创作者必须将想象中的画面精确地描述出来，AI工具才能理解并绘制出相应的图像或视频。此外，以生成图像为例，AI绘图并非一次性完成的过程，它要求创作者从多张具有相同或相似描述的图像中筛选出最符合歌词意境的那张。这一系列步骤完成后，才能制作出一部优秀的MV。

6.5 动态海报制作

动态海报融合了传统静态海报与动态效果，通过加入动画和交互性元素，赋予海报更强的表现力与吸引力。最初，海报以静态形式展现，依靠平面设计、摄影作品及图形元素来传递信息。随着数字技术的进步，设计师们开始尝试将动态元素融入海报设计中，例如添加闪烁文字和过渡效果。得益于互联网和移动设备的普及，动态海报逐步演化成一种更富交互性的媒介，允许滑动、点击等互动操作。

动态海报的应用范围十分广泛。在音乐会、展览、体育赛事等的活动宣传中，通过在海报中增加动画和音效，显著提升了宣传效果；品牌通过在社交媒体平台上使用动态海报来推广产品或服务，能有效地吸引公众注意力，提升品牌知名度；电影行业常采用动态海报设计吸引观众，并促使其在社交媒体上进行分享；户外数字广告牌通过展示多样且不断更新的动态海报，吸引行人目光，并维持内容的新鲜感；艺术家和设计师利用动态海报在展览中呈现他们的创作，提供一种更为动感且吸引观众的展览效果。

下面以武夷山国家公园的动态海报为例，展示如何将动态元素与自然景观相结合，创造出引人注目的视觉效果。效果如图6-120所示。

图6-120

6.5.1 用ChatGPT生成海报提示词

打开ChatGPT，输入“武夷山国家公园创意海报，写出英文画面描述和标题。”然后按Enter键，得到ChatGPT提供的文案和提示词，如图6-121所示。再次强调，AI工具生成的文字、图像等无法做到完全符合规范，请读者注意甄别。此说明全书适用。

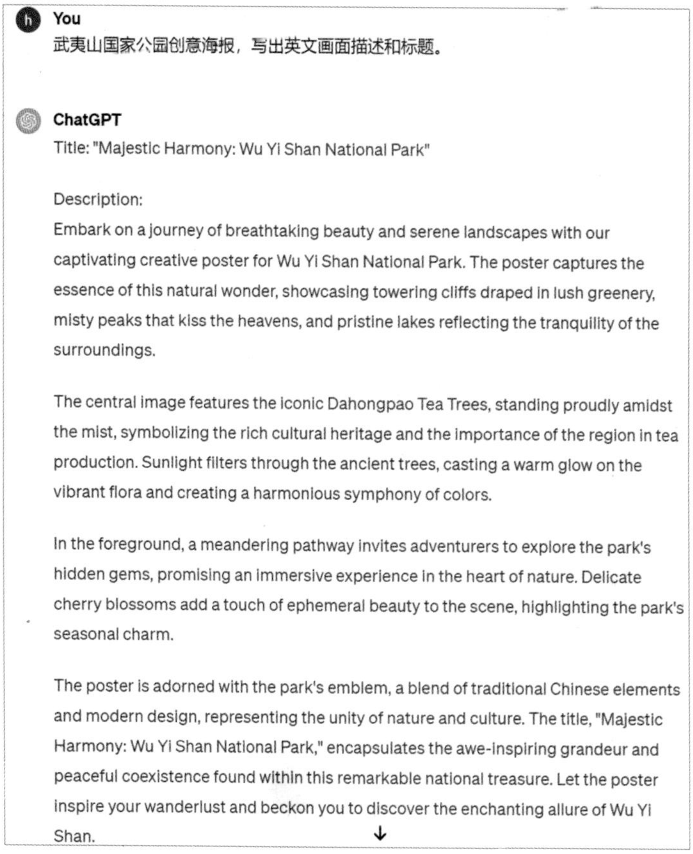

You

武夷山国家公园创意海报，写出英文画面描述和标题。

ChatGPT

Title: "Majestic Harmony: Wu Yi Shan National Park"

Description:

Embark on a journey of breathtaking beauty and serene landscapes with our captivating creative poster for Wu Yi Shan National Park. The poster captures the essence of this natural wonder, showcasing towering cliffs draped in lush greenery, misty peaks that kiss the heavens, and pristine lakes reflecting the tranquility of the surroundings.

The central image features the iconic Dahongpao Tea Trees, standing proudly amidst the mist, symbolizing the rich cultural heritage and the importance of the region in tea production. Sunlight filters through the ancient trees, casting a warm glow on the vibrant flora and creating a harmonious symphony of colors.

In the foreground, a meandering pathway invites adventurers to explore the park's hidden gems, promising an immersive experience in the heart of nature. Delicate cherry blossoms add a touch of ephemeral beauty to the scene, highlighting the park's seasonal charm.

The poster is adorned with the park's emblem, a blend of traditional Chinese elements and modern design, representing the unity of nature and culture. The title, "Majestic Harmony: Wu Yi Shan National Park," encapsulates the awe-inspiring grandeur and peaceful coexistence found within this remarkable national treasure. Let the poster inspire your wanderlust and beckon you to discover the enchanting allure of Wu Yi Shan.

图6-121

6.5.2 用Stable Diffusion生成海报图

打开Stable Diffusion，切换到“文生图”模式，直接粘贴ChatGPT生成的提示词，并单击“生成”按钮，如图6-122所示。得到的海报效果如图6-123所示。

Embark on a journey of breathtaking beauty and serene landscapes with our captivating creative poster for Wu Yi Shan National Park. The poster captures the essence of this natural wonder, showcasing towering cliffs draped in lush greenery, misty peaks that kiss the heavens, and pristine lakes reflecting the tranquility of the surroundings.

The central image features the iconic Dahongpao Tea Trees, standing proudly amidst the mist, symbolizing the rich cultural heritage and the importance of the region in tea production. Sunlight filters through the ancient trees, casting a warm glow on the vibrant flora and creating a harmonious symphony of colors.

In the foreground, a meandering pathway invites adventurers to explore the park's hidden gems, promising an immersive experience in the heart of nature. Delicate cherry blossoms add a touch of ephemeral beauty to the scene, highlighting the park's seasonal charm.

图6-122

图6-123

6.5.3 用Runway制作动态效果

01 在Runway的主界面选择Text/Image to Video工具，如图6-124所示。

图6-124

02 切换到IMAGE模式，将前面生成的海报图像拖曳到上传区域，然后单击Generate 4s按钮 Generate 4s ，生成视频片段并下载，如图6-125所示。

图6-125

6.5.4 用剪映添加文案

01 在剪映中打开生成的动态海报视频，然后选择"文本"，如图6-126所示。继续选择"智能文案"，如图6-127所示。

02 如果对自动生成的文案不满意，可以进行多次生成。生成完毕后单击"确认"按钮 ✓ 确认 ，如图6-128所示。因为制作的是海报，所以信息量不宜过多，选择其中的一到两句作为海报的文案即可。

图6-126　　　　　　　　图6-127　　　　　　　　图6-128

03 可以在添加文案的同时进行文案朗读或者是添加数字人，这里选择"添加数字人"，点击"添加至轨道"按钮 ，如图6-129所示。此时可以选择一个数字人，并调整其位置和大小，如图6-130所示。

技巧提示 剪映自带的"智能文案"功能利用AI程序根据用户的想法生成文案，可以将生成的文案用数字人或者画外音的形式进行朗读，并生成字幕。注意，动态海报不一定需要数字人朗读文案，本例中采用是为了进行演示，读者可以根据需求选择是否使用数字人来进行文案朗读。

图6-129　　　　　　　　　　图6-130

04 添加海报所需要的相关文案和内容信息，读者可以根据海报的内容进行添加，如图6-131所示。添加完所有信息后导出即可，如图6-132所示。

图6-131　　　　　　　　　　图6-132

6.6 Vlog制作

Vlog（视频博客）已成为一种广受欢迎的数字媒体形式，它允许创作者通过视频记录并分享其生活经历、见解及观点。Vlog通常由个人或小型团队创作，轻松且生动地展现日常生活、旅行探险、创意项目或感悟体会等内容。伴随着社交媒体和视频分享平台的日益流行，Vlog在全球范围内迅速崛起为一种主流的自媒体内容形式。内容创作者在哔哩哔哩、抖音等平台发布作品，以此与观众建立联系，并在网络空间中形成具有独特魅力和个性化特征的社区。

6.6.1 选择主题

Vlog的主题直接影响作品的魅力及与观众的互动程度。不仅要考虑视频创作者的个人爱好，还要深入了解目标观众群体，确保所选主题与其兴趣点相吻合。读者可结合当下流行话题或趋势，前提是对这些话题抱有兴趣。分享个人经历和日常生活能够加深与观众的联系，是一种广受欢迎的方式。如果读者具备专业知识，不妨创作知识型的Vlog，以传授专业知识与经验。另外，旅行探险、挑战性内容、实验性内容等均为广受好评的主题选项。

笔者决定以旅行作为Vlog的创作主题，旨在分享旅途中的经历及捕捉到的壮丽风光。效果如图6-133所示。

图6-133

6.6.2 用ChatGPT撰写脚本

脚本是Vlog制作的重中之重，它使视频博主能够将创意与信息进行有效融合，构建清晰且合理的结构，同时提升表达的精确度。有效的脚本规划能够使视频内容条理化，便于观众理解，并显著增强视频的专业感。通过精心设计的脚本，视频博主可以更精准地控制视频节奏、措辞及情感传达，以确保内容的吸引力，同时在拍摄过程中优化时间管理，提升工作效率。总而言之，脚本为Vlog的制作提供了明确思路，为内容质量与观众体验打下了坚实的基础。利用ChatGPT辅助脚本编写是一种高效途径，下面以"云南大理旅行Vlog"为示例，将相关指令输入ChatGPT，获取Vlog脚本草案。

向ChatGPT表明需求，大致意思为"我要制作一段15秒的云南大理的旅行Vlog，请帮我写一下中英文脚本"。因为这些内容将用于AI出图，所以这里采用了中英文对照的形式，结果如图6-134所示。

I want to create a 15-second travel Vlog for Dali, Yunnan, please help me write a script in English and Chinese

图6-134

6.6.3 用Midjourney生成分镜图

接下来将ChatGPT生成的脚本应用到Midjourney中，生成Vlog的分镜图。

1.场景1

01 打开Midjourney，使用/imagine指令进行绘图，输入前面生成的提示词，如图6-135所示。效果如图6-136所示。

A breathtaking view of Erhai Lake with clear waters reflecting the azure sky, photography --ar 16:9

图6-135

图6-136

02 在生成的4张图像中选择心仪的一张，然后放大并提升细节质量。单击U4按钮 U4，对第4张图像进行放大，如图6-137所示。保存该图像备用。

图6-137

技巧提示 为了获得更逼真的图像，可以对Midjourney的版本进行设置。在指令框中输入/settings，按Enter键发送，如图6-138所示。

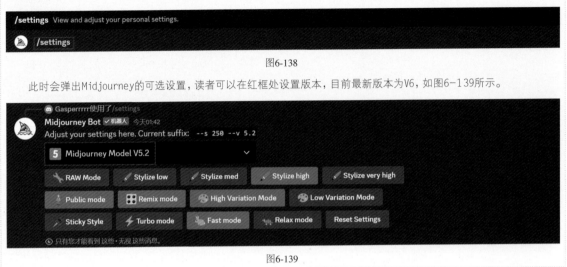

图6-138

此时会弹出Midjourney的可选设置，读者可以在红框处设置版本，目前最新版本为V6，如图6-139所示。

图6-139

2.场景2

ChatGPT给出的提示词为"Stone-paved streets of Dali Old Town, where ancient red-brick buildings stand against the blue sky.", 为了让Midjourney生成更逼真的图像，可以在指令中使用"风景照片"一词来生成逼真的户外风景。

01 输入修改后的提示词，对比生成后的结果。此处省略了stone一词，发现Midjourney仍生成了拥有石板路街道的图片，即正确领会了使用者的原意，说明AI工具的容错率是较高的。选择第3张图进行微调，如图6-140所示。

a landscape photo of paved streets of Dali Old Town,ancient red-brick buildings stand against the blue sky --ar 16:9

图6-140

02 此时会得到一组新的图像,这里选择放大并优化第1张图像,如图6-141所示。效果如图6-142所示。

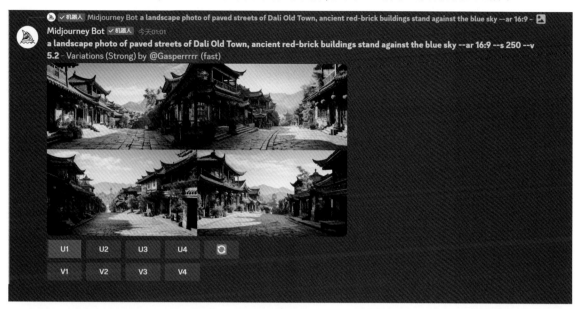

图6-141

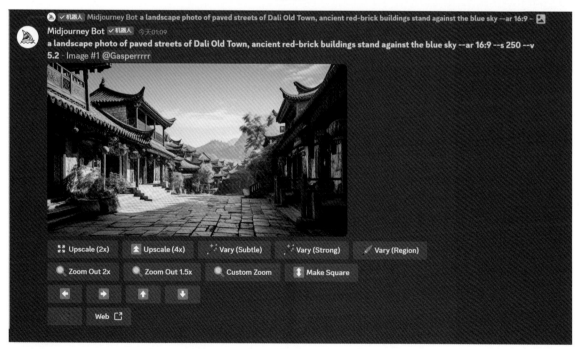

图6-142

3.场景3

ChatGPT的提示词为"A panoramic view from Cangshan Mountain overlooking the stunning landscapes of Erhai Lake.",中文意思为"从苍山俯瞰洱海秀丽的全景"。可以只提取主体物,如"苍山""洱海",以提高获得理想图像的可能。

输入修改后的提示词，然后选择放大和微调第3张图像，如图6-143和图6-144所示。

a landscape photo of Cangshan Mountain and Erhai Lake --ar 16:9

图6-143

图6-144

技巧提示 依此类推，读者可以用相同的方法在Midjourney中根据ChatGPT的脚本绘制剩下的场景。

6.6.4 用Runway生成视频

在使用Midjourney生成Vlog所需的分镜图后，需要使用Runway将图像转换成视频。

在Runway的主界面选择Text/Image to Video工具，然后切换到IMAGE+PROMPT（图片+描述）模式，将生成的图片拖曳到上传区域，然后在指令框中输入想要产生的动态效果，发送即可生成视频，如图6-145所示。界面由浏览器自动翻译。

Flowing lake water, floating clouds

图6-145

> **技巧提示** 用相同的方法，对其他适合转化成视频的图片进行相同的操作。

6.6.5 用剪映完成后期处理

本例选择剪映来完成后期剪辑。

01 将生成的图片和视频导入剪映，按照脚本的时间线按顺序将视频素材拖曳到时间轴上，并剪辑到规定的时长（15秒），如图6-146所示。

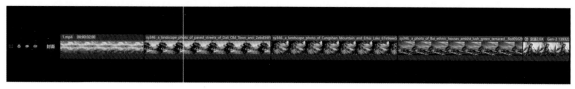

图6-146

技巧提示 读者还可以使用剪映的添加关键帧功能,为画面添加缩放效果。在某一帧处单击图6-147中红框内的按钮◆,然后在另一帧处设置放大或缩小的倍数,如图6-148所示。

图6-147

图6-148

02 Vlog的主体内容制作完成后,可以添加字幕、背景音乐和转场效果来丰富Vlog的内容和效果。选择"文本",可以在"花字"中挑选满意的字体作为字幕字体,如图6-149所示。

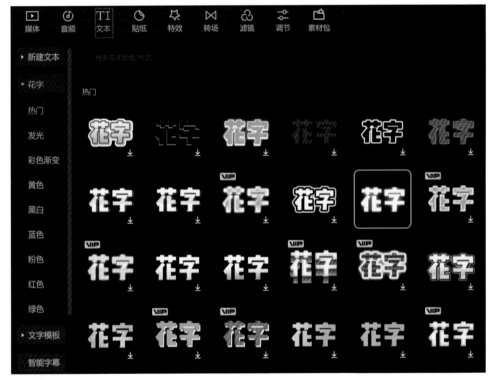

图6-149

03 将ChatGPT生成的脚本中的"声音导游"内容输入到时间线上的对应位置,如图6-150所示。

图6-150

04 选择"音频"，然后选择"音乐素材"，可以添加喜欢的背景音乐，如图6-151所示。

图6-151

05 同样，可以在相邻分镜间添加合适的转场，选择"转场"中的效果即可实现，如图6-152所示。

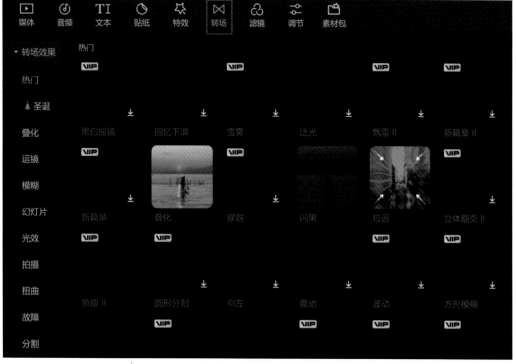

图6-152

6.7 动态绘本制作

绘本,又被称为"图画书",以精致的插画和简洁的文字著称,构筑起通往幻想世界的桥梁。这类以儿童为主要受众的绘本,不仅能诉说充满情感的故事或传递知识,还能在不知不觉中提升儿童的多元智力。在色彩斑斓、生动有趣的插画的帮助下,不仅儿童的阅读能力,儿童的观察能力、情感解读能力、创造力及思维能力都能得到加强。国际上普遍认为绘本是适宜儿童阅读的图书,它在提供娱乐的同时,也增强了儿童的阅读兴趣和理解力。

绘本的插画风格多样,近年来随着AI技术的飞速进步,运用AI工具创作绘本已成为一种普遍做法。特别值得关注的是,采用AI工具制作动态绘本,这是一种创新。在创作过程中,需精心挑选与绘本主题相协调的插画风格,以最大程度地吸引儿童读者的注意力。

下面介绍如何使用AI工具制作动态绘本。注意,笔者并非专业的绘本创作者,也缺乏相关经验,以下创作流程基于个人理解,并非绘本制作的标准流程。绘本效果如图6-153所示。

图6-153

6.7.1 用ChatGPT准备绘本故事

笔者计划为绘本创作一个引人入胜的故事。在此过程中将利用ChatGPT的智能辅助,以获取创意建议。

打开ChatGPT,发起聊天,输入以下内容,如图6-154所示。ChatGPT将提供一份绘本故事的大纲,并对每页的文本和图像内容进行标注,如图6-155所示。ChatGPT生成的内容难免有错误,请仔细甄别。

> 帮我创作一个8页左右的关于友谊和冒险的绘本故事,主要针对儿童。并且标清楚每一页的内容。

You
帮我创作一个8页左右的关于友谊和冒险的绘本故事,主要针对儿童。并且标清楚每一页的内容。

图6-154

ChatGPT
当然,这里是一个关于友谊和冒险的绘本故事,标题为"小熊和小鸟的天空之旅",共8页,每一页的内容如下表所示:

页码	文本内容	图像描述
1	封面	展示小熊比利和小鸟艾拉站在一起,背景是蓝天和白云。
2	介绍角色	描绘小熊和小鸟在村庄中玩耍的场景。
3	梦想的开始	艾拉在树枝上,描述天空的美景给在地面上仰望的比利听。
4	制作风筝	展示比利和艾拉正在制作风筝的场景。
5	冒险的开始	展示比利坐在风筝上,艾拉在前面飞行,他们正在离开地面。
6	美丽的天空	展示风筝在五彩缤纷的云朵和美丽的自然景观之间飞行。
7	遇到困难	展示艾拉在风中努力引导风筝,而比利紧张地握着风筝的绳子。
8	结尾和未来的诺言	描绘比利和艾拉坐在一起,背景是美丽的夕阳,脸上洋溢着幸福的笑容。

图6-155

6.7.2 用ChatGPT提取绘本画面提示词

下面根据这些内容提炼提示词，以便用于生成图片。

打开ChatGPT，输入指令和指定格式，如图6-156所示。ChatGPT会根据前面提供的故事内容，给出相应的英文描述，如图6-157所示。

将以上8个画面描述成英文。你的回复格式如下：

页码N

文本（中文）

图像（中文）

图像（英文）

You
将以上8个画面描述成英文。你的回复格式如下：
页码N
文本（中文）
图像（中文）
图像（英文）

图6-156

ChatGPT
当然，我会将每一页的画面描述转换成英文。以下是按照您指定的格式的转换：

页码1

* 文本：封面
* 图像（中文）：展示小熊比利和小鸟艾拉站在一起，背景是蓝天和白云。
* 图像（英文）：Illustration of little bear Billy and little bird Ella standing together, with a background of blue sky and white clouds.

页码2

* 文本：介绍角色
* 图像（中文）：描绘小熊和小鸟在村庄中玩耍的场景。
* 图像（英文）：Depiction of the little bear and little bird playing together in a village.

页码3

* 文本：梦想的开始
* 图像（中文）：艾拉在树枝上，描述天空的美景给在地面上仰望的比利听。
* 图像（英文）：Ella on a tree branch, describing the beautiful sky to Billy who is looking up from the ground.

页码4

* 文本：制作风筝
* 图像（中文）：展示比利和艾拉正在制作风筝的场景。
* 图像（英文）：Illustration of Billy and Ella making a kite together.

页码5

* 文本：冒险的开始
* 图像（中文）：展示比利坐在风筝上，艾拉在前面飞行，他们正在离开地面。
* 图像（英文）：Billy sitting on the kite with Ella flying in front, as they lift off the ground.

页码6

* 文本：美丽的天空
* 图像（中文）：展示风筝在五彩缤纷的云朵和美丽的自然景观之间飞行。
* 图像（英文）：The kite flying among colorful clouds and beautiful natural landscapes.

页码7

* 文本：遇到困难
* 图像（中文）：展示艾拉在风中努力引导风筝，而比利紧张地握着风筝的绳子。
* 图像（英文）：Ella struggling to guide the kite in the wind, while Billy holds onto the kite string anxiously.

页码8

* 文本：结尾和未来的诺言
* 图像（中文）：描绘比利和艾拉坐在一起，背景是美丽的夕阳，脸上洋溢着幸福的笑容。
* 图像（英文）：Billy and Ella sitting together, with a beautiful sunset in the background and happy smiles on their faces.

这些英文描述可以用来辅助绘本故事的插图创作，使之更适合国际读者。如果您需要进一步的帮助，请随时告诉我。

图6-157

6.7.3 设定Midjourney风格和版本

为了生成图像，需要使用Midjourney。考虑到绘本面向儿童群体，可以将图像风格设定为比较可爱的类型。

Midjourney允许通过提示词来指定风格，如Cartoon（卡通）、Pixar（皮克斯）、Disney（迪士尼）、Doodle（涂鸦）、Ink wash painting（水墨画）、Minimalism（极简主义）、Flat design（扁平化设计）和Children's picture book（儿童绘本）等。

另外，除了风格关键词，还可以通过添加"by+艺术家姓名"来进一步精准控制风格，如by Qi Baishi（齐白石）、by Wu Guanzhong（吴冠中）、by Andy Warhol（安迪·沃霍尔）、by Lucy Grossmith（露西·格罗史密斯）等。

本例选择Children's picture book和by Lucy Grossmith，并特别注明使用Cheerful colors（积极欢快的色彩）和High details（高细节）。下面还需要设定Midjourney的整体画风为卡通风格，即使用Niji·journey模型。

01 打开Midjourney，输入/settings并选择，按Enter键发送，如图6-158所示。

02 在弹出的设置中将版本修改为Niji Model V5，即可使用Niji·journey，如图6-159所示。注意，下次若要使用Midjourney模型，需要在此处重新选择Midjourney版本。

图6-158

图6-159

6.7.4 用Midjourney生成绘本图与优化提示词

完成版本设置后便可以使用提示词来生成绘本图像了。本小节将详细介绍如何优化提示词，以获得精确的图像效果。

01 由ChatGPT提供的对第1个画面的描述，可以得到初步的提示词内容，如图6-160所示。

Illustration of little bear Billy and little bird Ella standing together, with a background of blue sky and white clouds.

> **页码 1**
>
> - 文本：封面
> - 图像（中文）：展示小熊比利和小鸟艾拉站在一起，背景是蓝天和白云。
> - 图像（英文）：Illustration of little bear Billy and little bird Ella standing together, with a background of blue sky and white clouds.

图6-160

02 因为要生成的图像主要包含一只小熊和一只小鸟，所以将"小熊比利和小鸟艾拉"改为"一只小熊和一只小鸟"，这样会得到更精确的结果。

Illustration of a bear and a bird standing together, with a background of blue sky and white clouds.

翻译

一只小熊和一只小鸟站在一起的插图，背景是蓝天白云。

03 为了突显小熊和小鸟,可以再次强调这两个角色,即在末尾重复描述对象。

Illustration of a bear and a bird standing together, with a background of blue sky and white clouds, one bear, one bird.

翻译

一只小熊和一只小鸟站在一起的插图,背景是蓝天白云,一只熊,一只鸟。

04 加入选定的描述风格、尺寸的提示词,形成最终的提示词。

Illustration of a bear and a bird standing together, with a background of blue sky and white clouds, one bear, one bird, children's picture book, by Lucy Grossmith, cheerful colors, high details --ar 16:9

翻译

一只小熊和一只小鸟站在一起的插图,背景是蓝天白云,一只熊,一只鸟,儿童绘本,露西·格罗史密斯风格,欢快的色彩,高细节,--ar16:9

> **技巧提示** 再次重申,提示词各部分之间应使用半角逗号或空格隔开,例如需控制画面长宽比例,可以使用--ar后缀,并在其前后分别添加空格和比例值,注意使用半角比号(:)。

05 在Midjourney的指令框中输入/imagine并选择,接着在prompt框中输入前面准备好的提示词,如图6-161所示。

Illustration of a bear and a bird standing together, with a background of blue sky and white clouds, one bear, one bird, children's picture book, by Lucy Grossmith, cheerful colors, high details --ar 16:9

06 按Enter键发送提示词,经过短暂等待,Midjourney会根据提示词生成4张图,如图6-162所示。

图6-161

图6-162

> **技巧提示** 如果对生成的内容不满意,可以单击刷新按钮
> ，在Create images with Midjourney(用Midjourney生成图像)对话框中修改提示词或直接单击"提交"按钮，让Midjourney重新生成,如图6-163所示。

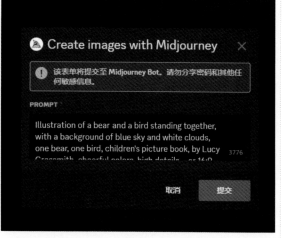

图6-163

07 经过多次"刷图"，笔者对图6-164中的第4张图像（右下角）比较满意，但图中多了一只小鸟，所以需要进一步调整。单击U4按钮 ，放大第4张图像，如图6-164所示。

08 因为目的是得到一只小鸟，而非两只，所以需要单击Vary(Region)按钮 ，也就是使用局部重绘功能，进行局部修改，如图6-165所示。

> **技巧提示** 关于Midjourney中的U和V按钮，"6.4 MV制作"中的"6.4.3 用Midjourney生成图像"已经介绍过了。如果读者有疑问，可以到对应位置查看相关讲解。

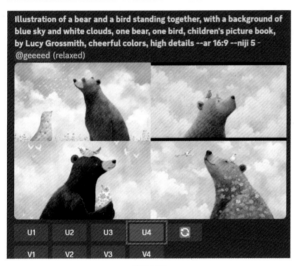

图6-164

图6-165

09 在弹出的对话框中使用"矩形选框工具" 或"套索工具" ，选择小熊头上的小鸟区域，然后单击Submit（提交）按钮 ，即让Midjourney删除这里的小鸟，如图6-166所示。经过局部调整的4个方案中的小鸟均已被处理，一些变成了天空，一些变成了小熊的另一只耳朵，如图6-167所示。

图6-166

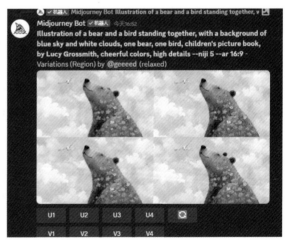

图6-167

10 考虑到透视效果，选择较为合理的第1张图像进行放大升级。单击U1按钮 ，放大第1张图像，如图6-168所示。然后将其保存到本地，命名为storybook_1。

11 通过相同的步骤生成后续的图片。对于第2个画面，提取ChatGPT提供的画面提示词，如图6-169所示。

Depiction of the little bear and little bird playing together in a village.

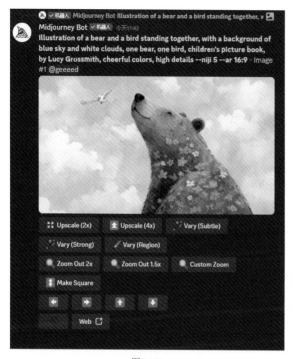

图6-168

页码 2

- 文本：介绍角色
- 图像（中文）：描绘小熊和小鸟在村庄中玩耍的场景。
- 图像（英文）：Depiction of the little bear and little bird playing together in a village.

图6-169

12 为了强调画面主体元素并控制风格，添加之前的强调提示词和风格控制提示词，得到第1版提示词。接下来将其提供给Midjourney，经过多次刷新，发现无法得到完全符合预期的效果，如图6-170所示。

Depiction of the little bear and little bird playing together in a village, one bear, one bird, children's picture book, by Lucy Grossmith, cheerful colors, high details --ar 16:9

13 面对当前的问题，需要提供更加具体和详细的描述。例如，深入思考小熊和小鸟玩耍的具体场景：他们在村庄中做什么？周围的环境是怎样的？……基于这些细节，可以向ChatGPT提出请求，让其生成更加精准的提示词，如图6-171所示。

请帮我将以下画面描述成可以用于Midjourney的指令：一只小熊正在追逐一只小鸟，他们在快乐地玩耍，开心的表情，仅有一只小熊和一只小鸟，村庄背景。并且后面加上"one bear, one bird, children's picture book, by Lucy Grossmith, cheerful colors, high details --ar 16:9"

图6-170

图6-171

14 将ChatGPT提供的提示词复制到Midjourney中，生成4张图像，如图6-172所示。在这个过程中，如果生成的图像未能达到预期，可以继续对描述进行细化和调整。

> One little bear chasing a single little bird, both with happy expressions, joyfully playing together, only one bear and one bird, village background, one bear, one bird, children's picture book, by Lucy Grossmith, cheerful colors, high details --ar 16:9

15 放大第2张图像（右上角）进行进一步编辑，单击Vary(Region)按钮 ，执行局部调整，如图6-173所示。

图6-172   图6-173

16 选择多余的小熊和小鸟等元素，将它们抹去，如图6-174所示。

17 此时新生成的图像中第3张（左下角）比较符合预期，将其放大，如图6-175和图6-176所示。确认后将其保存到本地，并命名为storybook_2。

图6-174

> **技巧提示** 对于后续的画面，读者按同样的方法进行操作即可，并在保存时根据命名规律进行命名。

图6-175

图6-176

6.7.5 用Runway制作画面动态效果

下面利用Runway将静态图像转化为视频，以制作动态绘本。在这个过程中主要使用Runway的用图像生成视频功能。

01 打开Runway，选择Text/Image to Video工具，然后切换到IMAGE模式，上传前面保存的storybook_1图片，并单击Generate 4s按钮 Generate 4s ，如图6-177所示。

图6-177

技巧提示 这里读者可以自由发挥，使用Runway的视频编辑工具对生成结果进行调整，如图6-178和图6-179所示。

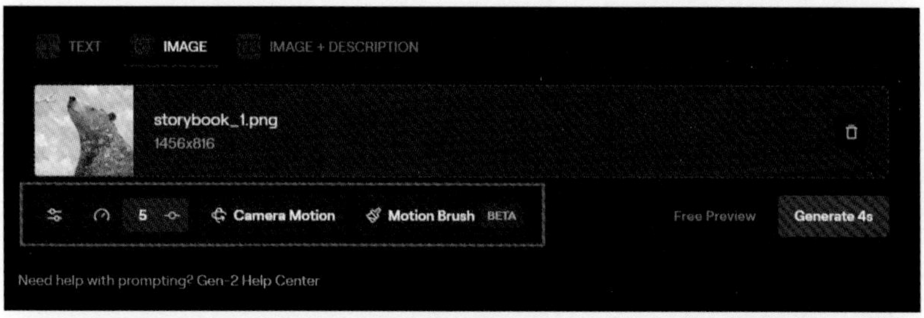

图6-178

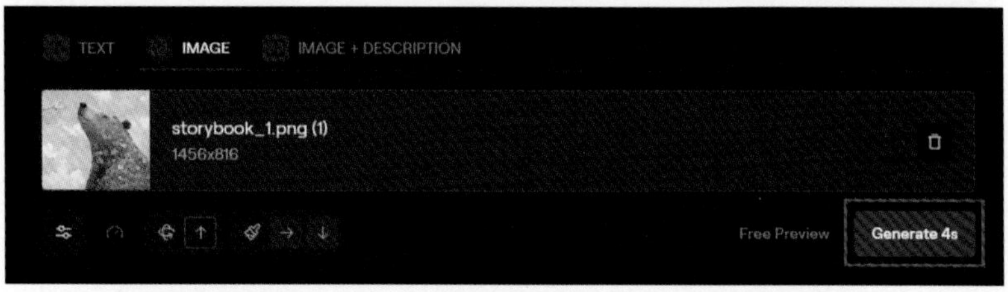

图6-179

02 生成视频后单击播放按钮▶，预览生成的效果，如图6-180所示。

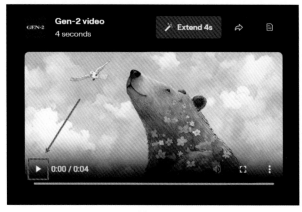

图6-180

技巧提示 如果生成的视频效果不能完全满足要求,可以在预览页面下方的工具栏中调整相关参数,调整后重新生成即可,如图6-181所示。得到满意的视频后,可以将其下载到本地。接下来读者可以用相同的方法对其他图像进行动态化处理。

图6-181

6.7.6 用剪映添加字幕与生成旁白

图像和视频制作完成后,将使用剪映完成动态绘本的视频剪辑和旁白生成工作,以增强动态绘本的视听效果。

01 使用ChatGPT撰写旁白。向ChatGPT发送以下指令,ChatGPT将较为精确地生成符合每一页内容的旁白文本,如图6-182所示。

请写出《小熊和小鸟的天空之旅》绘本每一页的旁白,使用表格的呈现方式。

图6-182

技巧提示 如果旁白内容不符合需求,可以在指令中加入其他描述让ChatGPT更精确地提供旁白。

02 启动剪映软件，导入预先制作好的视频并按故事发生的先后顺序进行剪辑。在界面左上角的工具栏中选择"文本"，然后选择"新建文本"，接着选择"默认文本"选项，如图6-183所示。

03 根据视频内容，输入与之相匹配的字幕。例如，第1段视频是绘本封面，因此输入故事标题"小熊和小鸟的天空之旅"，然后在右侧调整文本样式，并将文本拖曳至画面中的合适位置，如图6-184所示。

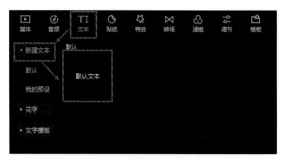

图6-183

图6-184

技巧提示 按照这一流程，读者可以为每段视频添加相应的字幕。部分画面展示如图6-185所示。

图6-185

04 根据字幕生成旁白。在时间轴上选中一段文本，如图6-186所示。

05 在界面右上角选择"朗读"功能，此时会出现多种声音选项。可以单击声音选项进行试听，以选择合适的声音风格。因为现在制作的是面向儿童的动态绘本，所以选择"少儿故事"，然后单击"开始朗读"按钮 开始朗读 ，剪映将自动生成一段旁白，如图6-187所示。

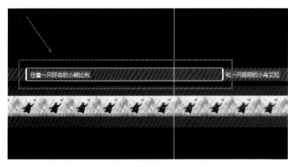

图6-186

图6-187

06 对旁白和视频内容进行剪辑调整，确保声音、画面和字幕之间的完美匹配，如图6-188所示。这里的自由发挥空间较大，读者可以大胆地去操作，此处就不具体介绍了。如果有疑问，可以观看教学视频，查看具体的操作过程。

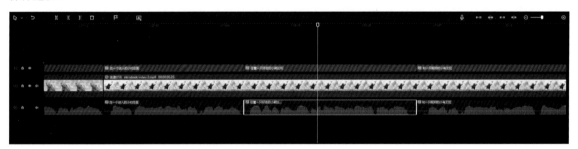

图6-188

6.7.7 用剪映添加转场和音乐

接下来可以通过在画面间添加转场效果，以及在整个视频中加入背景音乐，来进一步丰富动态绘本。下面介绍添加转场的具体操作步骤。

01 将时间指示线拖曳到两段视频素材交接处的前方，如图6-189所示。

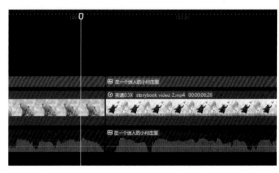

图6-189

02 在界面左上角选择"转场",此时可以看到多种转场效果。当鼠标指针滑过某个转场选项时,剪映会自动播放预览效果。笔者认为"幻灯片"中"翻页"的效果较好,如图6-190所示。

03 将鼠标指针悬停在所选的转场效果上,单击右下角出现的加号,以添加翻页效果,如图6-191所示。转场效果设置成功后,结果将在界面上显示,如图6-192所示。

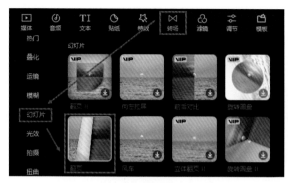

图6-190

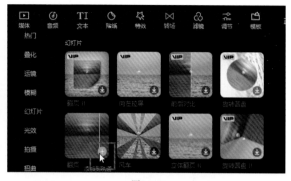

图6-191

图6-192

技巧提示 接下来可以添加喜欢的背景音乐,使动态绘本更具吸引力。剪辑完成后将其导出即可。

6.8 商业广告制作

　　商业广告是一种推广手段，其目的在于促进产品、服务的销售或提高品牌、活动的认知度。它通过各类媒体渠道向目标受众传播精准的营销信息。商业广告旨在激发受众的兴趣，并引导他们采取行动，例如购买商品、浏览网站或参加促销活动。为了打造鲜明的品牌形象并达到显著的宣传效果，商业广告可采用多种形式，如文本、图像、音频和视频。其中，视频形式的广告一般更具感染力。

　　本例将制作一个汉堡广告，效果如图6-193所示。

图6-193

> **技巧提示** 到本例时，相信读者对ChatGPT、Midjourney和Runway的配合使用方法已经比较熟悉了，考虑到篇幅问题，本例仅厘清整个制作流程，对于提示词和具体的操作步骤，读者可自行发挥。

6.8.1 用ChatGPT撰写脚本

　　脚本决定了广告视频传达信息、故事情节和品牌价值观的具体方式。一个精心编写的脚本可以确保广告内容清晰且引人入胜，并与目标受众建立更深层次的连接。

1.获得脚本

　　在ChatGPT的指令框中用英文描述"为我写一段汉堡广告的脚本"，如图6-194所示。此时，可以获得英文脚本内容，如图6-195所示。

Write me a script for a burger commercial.

 You

Write me a script for a burger commercial.

图6-194

ChatGPT

Certainly! Here's a script for a mouth-watering burger commercial:

Title: "Savor the Flavor"

[Opening Shot: A sizzling grill with flames, close-ups of juicy burger patties being flipped]

Voiceover (V.O.): *(Energetic tone)* Hungry for a taste that takes you to burger paradise? Look no further!

[Scene transitions to a bustling, vibrant restaurant with happy customers enjoying burgers]

V.O.: *(Excited)* Welcome to "Bite Bliss," where every bite is a journey of flavor!

[Close-ups of the signature burger being prepared – fresh ingredients, melting cheese, and a perfectly toasted bun]

V.O.: *(Enthusiastic)* Let's talk about our star, the Bliss Burger. Crafted with love, each layer tells a story of taste and satisfaction.

[Upbeat music starts as scenes showcase the build-up of the Bliss Burger]

图6-195

2.获得分镜头画面灵感

在ChatGPT的指令框中继续提交内容为"我想做一个汉堡广告。不要脚本。只要视频的镜头信息。描述每一个镜头，连同相机型号、镜头类型、镜头参数"的要求，ChatGPT会提供详细的镜头描述，如图6-196所示。

I want to make a burger commercial. No script. Just video shots. Describe each shot in detail along with camera model, shot type, lens type

> Scene 1: "Bustling Restaurant"
>
> *Camera Model:* Canon EOS C300 Mark III
>
> *Shot Type:* Establishing Shot
>
> *Lens Type:* 24mm f/2.8
>
> *Description:* Cut to a bustling, vibrant restaurant with customers chatting, enjoying meals, and a waiter carrying a tray of burgers. This wide shot establishes the lively atmosphere.

图6-196

6.8.2 用Midjourney制作分镜图

01 将ChatGPT生成的更细化的分镜头画面描写作为提示词复制到Midjourney中，在提示词末尾加上--ar 16:9，让Midjourney生成画幅比例为16:9的图片，方便后续制作视频，如图6-197所示。

Start with a wide aerial shot of a vibrant cityscape or a scenic outdoor location during golden hour. Slowly zoom in to reveal a bustling burger joint with a neon sign --ar 16:9

> /imagine
>
> prompt　Start with a wide aerial shot of a vibrant cityscape or a scenic outdoor location during golden hour. Slowly zoom in to reveal a bustling burger joint with a neon sign --ar 16:9

图6-197

02 在Midjourney生成的图片中选择比较合适的一张进行细化放大，如图6-198所示。

图6-198

技巧提示 按照这个思路，读者可以将ChatGPT生成的更细化的分镜头画面描写依次输入Midjourney中，生成并选择合适的图片。

6.8.3 用Runway生成视频

打开Runway，选择Text/Image to Video工具，然后切换到IMAGE模式，将分镜图上传一张到Runway，单击Generate 4s按钮，如图6-199所示。生成的效果如图6-200所示。

图6-199

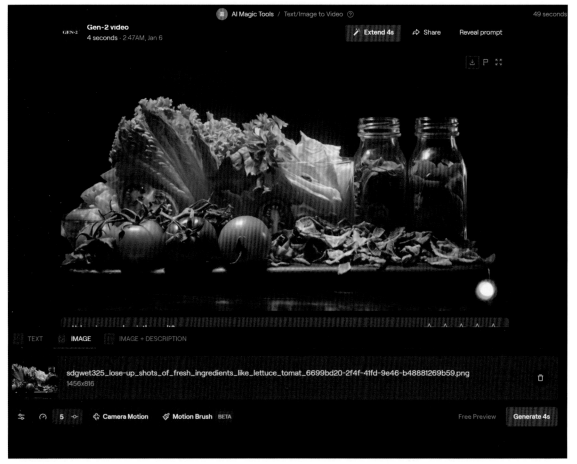

图6-200

技巧提示 将生成的视频下载并保存到本地。按照这个方式将Midjourney生成的分镜图依次导入Runway，生成视频并下载即可。

6.8.4 用Fliki生成画外音

ChatGPT生成的脚本中包含画外音文本，可以利用Fliki将其转化为音频，作为这条广告视频的画外音。

01 进入Fliki官网，登录后单击Start for free（免费开始）按钮 **Start for free →** ，如图6-201所示。

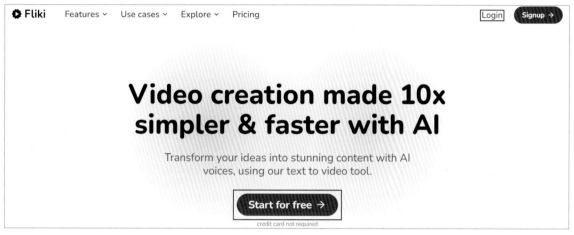

图6-201

02 进入操作界面后单击New file（新建文件）按钮 **New file** ，创建新的音频文件，如图6-202所示。

03 设置文件类型、语言、方言、文件名等基础设置，如图6-203所示。

图6-202   图6-203

04 将文本转换成音频。单击Background Audio（背景音频）下的加号按钮⊕，新建一个片段，如图6-204所示。

图6-204

05 选择合适的画外音音色和情绪，并完成相应设置，如图6-205所示。

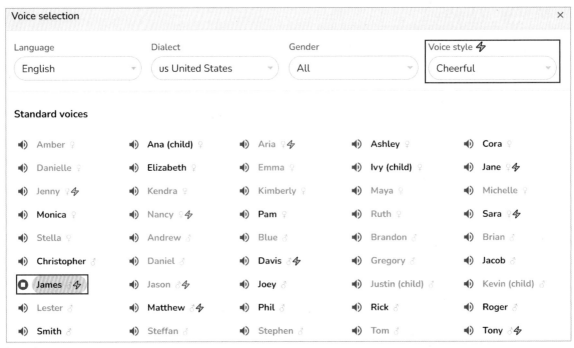

图6-205

06 在指令框中输入ChatGPT生成的画外音文本，如图6-206所示。输入文本后，即可生成画外音音频，并且可以进行试听，如图6-207所示。

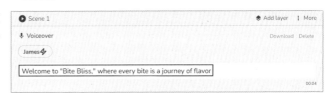

图6-206

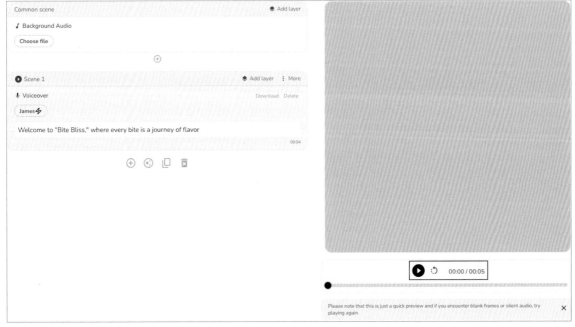

图6-207

技巧提示 此外，还可以选中特定文本，进行局部调节，例如升降音调、添加停顿、优化发音等，如图6-208所示。

确认无误后单击Download按钮 ⬇ Download，下载并保存音频文件，如图6-209所示。读者可以按照这个方法将ChatGPT生成的画外音文本依次导入Fliki中，生成音频并下载。

图6-208　　　　　　　　　　　　　　　图6-209

6.8.5 用剪映剪辑视频

01 将视频素材、画外音导入剪映，并按照脚本顺序依次放置到时间轴上，如图6-210所示。

图6-210

02 在"音效素材"中选择合适的背景音乐，如图6-211所示。

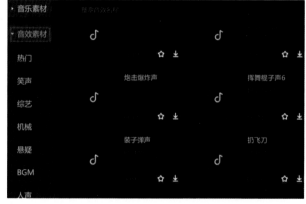

图6-211

03 适当调整播放速度、画面大小等参数，如图6-212所示。

04 添加转场效果等，如图6-213所示。

图6-212

图6-213

05 添加字幕。依次选择"文本""智能字幕""开始识别"，等待字幕生成完毕，如图6-214所示。

06 字幕添加完成后，可以在右侧设置字幕的"字体"、文字大小等效果。双击字幕还可以对识别有误的字词进行修改，如图6-215所示。

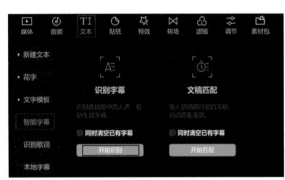

图6-214

图6-215

　　至此，使用Runway结合多种AI工具制作视频的学习即结束了。在整个讲解过程中，因为AI工具的智能化特性和操作方法的相通性，所以笔者将讲解重点放在了制作流程和制作思路上，这也是视频制作的核心。无论使用传统的"摄像+剪辑"模式制作视频，还是使用AI工具制作视频，其制作流程和思路是不变的，重点是工具的介入时机。希望读者能灵活运用多种AI工具完成视频制作，且不断发散自己的思维。另外，如果在制作过程中有疑问，可以观看步骤完整的教学视频。